U0305332

2022年度国家社会科学基金项目“智媒时代高校网络舆情治理研究”（项目号：22CKS046）阶段成果。

·马克思主义研究文库·

# 网络空间治理研究

秦小琪 | 著

光明日报出版社

**图书在版编目（CIP）数据**

网络空间治理研究 / 秦小琪著 . -- 北京：光明日报出版社，2024. 3

ISBN 978 - 7 - 5194 - 7870 - 4

Ⅰ. ①网… Ⅱ. ①秦… Ⅲ. ①互联网络—治理—研究 Ⅳ. ①TP393. 4

中国国家版本馆 CIP 数据核字（2024）第 063225 号

**网络空间治理研究**

**WANGLUO KONGJIAN ZHILI YANJIU**

著　　者：秦小琪

责任编辑：李　倩　　　责任校对：李壬杰　董小花

封面设计：中联华文　　　责任印制：曹　诤

出版发行：光明日报出版社

地　　址：北京市西城区永安路 106 号，100050

电　　话：010-63169890（咨询），010-63131930（邮购）

传　　真：010-63131930

网　　址：http：//book. gmw. cn

E - mail：gmrbcbs@ gmw. cn

法律顾问：北京市兰台律师事务所龚柳方律师

印　　刷：三河市华东印刷有限公司

装　　订：三河市华东印刷有限公司

本书如有破损、缺页、装订错误，请与本社联系调换，电话：010-63131930

开　　本：170mm×240mm

字　　数：226 千字　　　印　　张：15. 5

版　　次：2024 年 3 月第 1 版　　　印　　次：2024 年 3 月第 1 次印刷

书　　号：ISBN 978 - 7 - 5194 - 7870 - 4

定　　价：95. 00 元

# 序

近年来，网络技术的发展与应用推动互联网发生巨大变革，极大地推进了经济与社会的发展，推动了人类生活世界甚至精神世界的变革，每个人的物理存在与意义实现都深深地嵌入网络空间之中，互联网共同体日益形成。与此同时，技术的进步和应用，也不断引发其自身异化的问题，为网络空间监管和治理带来了巨大挑战，完善网络空间治理，需要系统的问题梳理和有效的理论分析，以及精准的路径设计。在这种实践背景下，秦小琪博士的《网络空间治理研究》一书无疑具有重要的理论意义和实践意义。

此前，小琪博士在网络政治领域做出了持续的探索和研究，形成了一系列优秀的研究成果。《网络空间治理研究》一书既是对其此前研究的纵深推进，同时在问题聚焦、理论视角和研究方法等方面有了全新的拓展。全书从网络空间治理的核心问题着手，系统地分析了网络空间技术治理、网络空间舆情治理、网络空间意识形态治理等重要议题。全书立足于完善我国网络空间治理，对比相关国家和地区网络空间治理的经验，从多维视角阐释了网络空间治理困境的发生机理，较为精准地提出了解决路径，对构建网络空间命运共同体这一关涉全球网络空间安全和网络空间治理的问题进行了探索性分析。全书问题集中、结构紧凑、分析连贯、观点明确，是一本非常值得肯定和推荐的作品。

小琪博士专注理论研究，勤奋刻苦，本书就是她持续钻研的一个成果。在本书付梓之际，小琪邀请我为该书撰写序言，作为她的博士后合作导师，我非常欣喜她取得的业绩，也希望小琪继续扩展视野，持续推进网络治理问题研究。同时，作为一个青年学者的研究成果，肯定还存在一些有待完善之处，也恳请各位读者提出宝贵建议和意见。

王勇

大连海事大学法学院教授、博士生导师

2023 年秋

# 前　言

本书的研究对象是网络空间治理。全书由四大部分组成，第一部分即第一章，对网络空间治理的基本问题进行阐释；第二部分包括第二、三、四章，对网络空间治理的主要内容即网络空间技术治理、网络空间舆情治理、网络空间意识形态治理进行论证分析；第三部分是第五章，在全球网络空间治理的比较研究中获得启示；第四部分是第六章，指出全球网络空间治理的中国作为，构建网络空间命运共同体。

本书的第一部分（第一章），对网络空间治理的基本概念、目标和原则等基本问题进行阐释。网络空间具有社会虚拟性、开放隐蔽性、跨区域交互性，是主体通过载体对资源进行特定操作的运行场域，因此本书主要从技术空间、互动空间和权力空间几个方面对其进行定义。网络空间安全包括基本构成要素的安全和信息应用安全，具有隐蔽潜伏性、急剧变迁性和多元主体性。网络空间治理是主体、客体和环体的协调互动。网络空间治理要遵循独立自主、德法共治、协同治理的原则，以优化网络生态环境、维护网络空间安全、推进网络空间的法治化。

本书的第二部分（第二、三、四章），是本书的主体内容，对网络空间技术治理、网络空间舆情治理、网络空间意识形态治理分别从理论基础、现实状况和优化路径三方面进行阐述。当然，网络空间治理的内容并不局限于网络技术、网络舆情和网络意识形态，还包括网络市场、网络平台、网络犯罪等方面内容，受限于体例和能力，本书只选取其中具有代表性的三方面内容进行深入挖掘。

第二章论述网络空间技术治理。网络技术治理坚持网络主权、独立自主、德法共治原则。网络技术治理中，法律是不可缺少的政策工具，在制定中坚持问题导向。当前网络技术面临伦理问题和挑战，必须树立信息自由与权利保护的价值取向，强化网络技术的社会责任与义务。新兴网络技术的研发和应用水平不断提高，形成更加复杂的治理局面。治理意识不强、治理手段不高、治理能力不足成为制约网络空间技术治理的主要原因，基于此，坚持系统治理、多方协作、源流兼顾的网络技术观念，服务化、协同化、法治化的网络治理，协调创新、人才、道德的网络技术成为网络空间技术治理的优化路径。

第三章论述网络空间舆情治理。对网络空间舆情治理进行分析，需要首先对舆情和舆论、网络舆情、网络舆情治理等概念进行阐释。网络舆情治理的本质是多元主体协同合作，要坚持系统治理、依法治理、综合治理和源头治理。习近平总书记关于网络舆情治理的重要论述为治理实践提供依据，当前我国网络舆情治理架构、网络舆情制度设计和网络技术均取得重要突破，网络舆情治理机制不断完善。网络舆情治理仍面临主体分散化、过程碎片化、传播模糊化等困境。有效应对网络舆情，需要强化主体协同、健全网络舆情综合治理体系，转换治理理念、突破传统模式下的路径依赖，规范传播秩序、提升媒介素养和社会责任感。

第四章论述网络空间意识形态治理。面向新征程，网络空间意识形态治理必须坚持以马克思主义为指导、以中国共产党的领导为根本、牢固树立人民至上的价值导向，以增强意识形态的认同力、提高意识形态凝聚力、加强意识形态影响力。新时代，网络空间意识形态治理取得突出成就，定位更具科学性、治理能力更加突出、治理制度更加完善。但也面临着一些新挑战、新风险，网络空间意识形态话语的虚无主义风险、网络空间意识形态去中心化面临的风险、“网络后真相化”引发的网络意识形态安全风险等。针对这些风险挑战，必须加强网络空间意识形态治理的宣传教育内容建设、法规建设和人才队伍建设。

本书的第三部分（第五章），全球网络空间治理的比较研究。本章对美国、俄罗斯、欧盟、日本、新西兰、新加坡等国家和地区的网络空间治理战略进行比较研究，揭示根源上价值观和意识形态、网络主权认知、人才技术资源方面的差异，从而为我国网络空间治理工作的持续健康发展提供诸多有益借鉴。通过强化网络舆论的价值引领、完善网络空间的法律规制、推进多元主体的协同共治，提升网络空间意识形态治理能力；通过网络核心技术的研发创新、推进互联网技术军事化进程、培养攻防兼备的技术防御意识，强化网络空间安全的技术保障；通过多方机制和多边机制的对比研究、树立正确思维方式、加强多元治理主体的培育实现，多方机制和多边机制有机融合；政府、专业传媒、社会三方各司其职，打造具有中国特色的国际话语体系。

本书的第四部分（第六章），构建网络空间命运共同体研究。构建网络空间命运共同体顺应时代发展和中国发展不可逆的历史潮流，当前互联网的命运共同体建设取得了历史性的成果，也遇到了一系列实际问题，比如网络空间发展水平不平衡、网络空间安全形势不明朗、网络空间治理体系不健全、网络空间普惠效益不显著等。本章在解决上述实际问题中提出构建网络空间命运共同体的实践路径，缩小全球数字鸿沟差距以解决发展失衡问题，加紧防范网络安全风险以构筑网络安全屏障，加快打造网络空间治理体系以健全网络空间治理，营造良好数字发展环境以推动数字红利普惠。

# 目　录
# CONTENTS

# 第一章

# 网络空间治理基本问题

在对网络空间治理详细论述前，必须阐释清楚网络空间治理的一些基本问题，防止后续论述中概念模糊和叙述混乱。具体来说，对网络空间的内涵和特点进行把握，能够明晰网络空间治理发生的场域；对网络空间安全的内涵和特点进行把握，能够明确网络空间治理的重要目标和基本方向；对网络空间治理的主体、客体和环体进行剖析，能够明晰实现网络空间有效治理的突破点。网络空间治理目标是网络空间治理所应该达到的标准或境界，既反映当前网络空间治理所面临的突出问题，也代表网络空间治理在很长一段时间内需要着力加速推进的工作。网络空间治理原则是经过长期实践经验积累后网络空间治理所依据的准则，充分彰显中国网络空间治理之“道”。

## 第一节　网络空间治理的基本概念

网络空间治理是本书的核心概念，是网络空间治理研究必须首先明确的问题。本节梳理了网络空间概念的内涵和特点，在此基础上探讨网络空间安全及其特点，从主体、客体、环体等角度阐释网络空间治理等问题。

## 一、网络空间

网络空间，是对英文词汇 cyberspace 的翻译。该词汇最早见于 1984 年 William Ford Gibson 所著科幻小说《神经漫游者》，小说主人公凯斯“接入特别定制、能够联通网络空间的操控台上，让意识脱离身体，投射入同感幻觉，也就是那张巨网之中”①，所进入的就是计算机所创制的虚拟空间，即网络空间。随着信息技术的发展，网络空间已经成为继领土、领空、领海、太空之后全球范围内人类的第五大共同生存空间。

### （一）网络空间的内涵

网络空间是人类依靠数字信息技术所创造的虚拟空间。随着信息技术的发展，网络空间的内涵和外延也在不断发生变化。2003 年，美国政府在《保障网络空间安全国家战略》中首次对网络空间进行初步完整的定义：“网络空间由成千上万彼此连接的计算机、服务器、路由器、交换机和光缆构成，它使得（我们的）关键基础设施得以正常运行。”② 这是在技术层面对网络空间进行定义。随着基础设施的不断完善、技术水平的不断提升，互联网融入社会各领域，网络空间的定义也发生变化。中国 2016 年发布并实施的《国家网络空间安全战略》中网络空间已成为“信息传播的新渠道、生产生活的新空间、经济发展的新引擎、文化繁荣的新载体、社会治理的新平台、交流合作的新纽带、国家主权的新疆域”③，突破单纯技术层面，增加了互动交往的社会性。

当今社会尚未对网络空间形成统一的定义，且不同定义之间存在较大差异，原因是多方面的。一方面，网络空间是随着网络技术的发展而形成的新的社会空间形态。它以技术为基础，作为人类社会实践的产物

---

① 威廉·吉布森．神经漫游者［M］．Denovo，译．南京：江苏文艺出版社，2013：6.

② 沈逸．全球网络空间治理原则之争与中国的战略选择［J］．外交评论（外交学院学报），2015（02）：67.

③ 中华人民共和国国家互联网信息办公室．《国家网络空间安全战略》全文［EB/OL］．中国网信网，2016-12-27.

又具有明显的社会性，且社会性才是其根本性质。网络空间的社会性不仅意味着其定义在使用过程中不断发生变化，同时意味着不同人群在差异化的使用场域中对网络空间形成具有某种特性的认识。网络空间这一词语从最初科幻小说家的想象，如今成为社会生活必不可少的部分，上升为国家战略。政治、经济、文化、社会等不同领域对社会空间的认知是不同的，缺乏底层共识。另一方面，网络空间已经与现实社会融为一体，成为社会各领域最大的“利益汇合点”。国家对网络空间的规范、管理和监督日益加强，各国政府往往根据技术、利益和能力对网络空间进行定义，突出反映本国所面临的网络空间威胁和对应的治理政策，缺乏政治共识。

根据联合国国际电信联盟（ITU）的定义，网络空间是指由计算机、计算机系统、网络及其软件支持、计算机数据、内容数据、流量数据以及用户等要素创建或组成的物理或非物理的领域，涵盖了基础设施、内容和用户三个层面。由此可见，网络空间是主体通过载体对资源进行特定操作的运行场域。基于此，本书从以下三方面对网络空间进行定义。第一，网络空间是链接各种信息通信系统载体的技术空间。在数字时代，互联网、物联网、电信网、各种处理控制系统等都被整合到以互联网为基础的虚拟空间中，将信息以数据的形式按照一定逻辑进行编码、组织和传输。第二，网络空间是开放式的互动空间。“在技术基础上增加了行为体、行动以及制度和规范等人类在物理空间中的范式”①，网络空间成为开放流动的信息互动场，网络空间在人与人、人与信息的互动中不断扩展。第三，网络空间是竞争激烈的权力空间。网络空间已经成为大国竞争的主战场，发生的价值冲突、安全威胁、空间博弈，归根到底是国家利益冲突和权力不对称。在网络空间中，不同国家进行政治和军事互动，正在重新塑造主权国家的国际关系。

① 周宏仁．网络空间的崛起与战略稳定［J］．国际展望，2019（03）：23.

## （二）网络空间的特点

网络空间具有社会虚拟性。虚拟是网络空间区别于现实所在的因素，社会是网络空间赖以存在和发展的根基，社会和虚拟这一看似矛盾的词语构成网络空间的核心特征。从技术方面看，网络空间是基于数字技术和信息技术形成的，通过技术手段对社会关系进行虚拟化，将现实空间映射到虚拟空间中，扩展人的活动和认知范围。技术是人的存在和展示方式，人运用技术重塑新的生存空间和可能性。从网络主体方面看，不同主体在网络空间中都是以匿名的方式进行交往，现实的个体身份被解构，主体的形象、身份和行为被数字化，并在网络空间中完成生产、消费、娱乐、教育、交友等社会性活动，且受社会道德和法律的制约。从网络内容方面看，在网络空间中发生的一切交往活动都是以符号的形式进行的，人与人之间的交往通过二进制数字转化为符号与符号之间的互动，并以此完成对自我、他人和世界的认知和实践。同时，社会交往在虚拟空间的完成度越高，对现实生活交往的阻滞就越明显，影响到现实的人际关系和社会网络。

网络空间的开放隐蔽性。网络空间是一个开放的系统，数据协议、编码、架构等都具有开放性，允许任何主体基于此建立连接并共享传播信息，不同主体在虚拟空间有平等参与的权利。不少学者认为，开放性是网络能够蓬勃发展的核心要素。[①] 网络空间的开放性直接引发其扩张性和多元性。网络空间的扩张性不仅意味着越来越多的网络结构、社会领域被整合到网络空间中，同时网络空间逐渐成为各种实践行为的中心环节，尤其是在数字化时代，离开网络空间的社会环境和生活空间是不存在的。网络空间的多元性源于网络行为主体的多元，行为方式的多元、言论表达的多元、文化习惯的多元必然使网络空间中存在政治、文化和意识形态的复杂斗争。网络空间的隐蔽性与开放性并存，隐蔽性给

---

① 约翰·诺顿．互联网：从神话到现实［M］．朱萍，等译．南京：江苏人民出版社，2001：271.

网络主体进行交往带来安全感，能够表达在现实生活中不敢表达的诉求，畅通主体的沟通渠道。但开放的网络空间带来了信息洪流，人们在“信息过量”的海洋中溺水，导致对现实社会的怀疑甚至抵触；与此同时在不断开放、扩展的空间中必然存在一些监管不到位的地方，成为滋生违法犯罪的角落，网络攻击、网络犯罪、网络暴力、隐私泄漏等现象层出不穷，严重侵害人们的正当权益。

网络空间的跨区域交互性。网络空间的跨区域交往得益于其虚拟性和开放性，消除现实中时间和空间的界限。弥尔顿指出：“网络空间为人类互动交流提供全球性的场所，在这个场所中，国家的领土界线通常是随意的或不相干的约束。”① 现实中时间和空间的距离通过通信网和互联网的链接被无限压缩，实现信息的远距离传输和双向交流沟通。在数字时代，社会活动的标志将从时空存在转变为“人机物”的链接方式。跨区域交互性的直接产物是信息传输全球性和即时性。在网络空间的链接下，“思想在场”而“身体不在场”实现跨越式发展，不仅是信息的搜索、存储、管理和传输能够即时完成，物质的生产、分配、交换和消费的过程也能够突破物理“面对面”的交往限制在全球范围内迅速完成。网络空间的区域交互性决定了网络治理必然在全球范围内开展，任何一个国家都没有能力独自进行网络治理。

## 二、网络空间安全

网络空间安全是网络空间治理的重要目标，是国家安全的题中之义，是实现国家现代化的必由之路。随着数字化的深入发展，国家安全的内涵和外延更加丰富，网络空间安全已经成为国际社会面临的最复杂、最现实、最严峻的非传统安全问题之一。

---

① 弥尔顿·L. 穆勒. 网络与国家：互联网治理的全球政治学［M］. 周程，等译. 上海：上海交通大学出版社，2015：99.

## （一）网络空间安全的内涵

随着网络空间安全在国家安全体系中的基础性、战略性、全局性地位愈加凸显，我国对于网络空间安全的认识也更加深刻。2015 年 7 月 1 日，我国颁布并施行的《中华人民共和国国家安全法》中对国家网络空间安全进行定义，即实现网络和信息核心技术、关键基础设施和重要领域信息系统及数据的安全可控。由此可见，网络空间安全保护的范畴包括网络、基础设施和信息数据。总体来看，网络空间安全确保网络空间的运行系统正常运行，并保护系统中各参与主体的利益和权利。

互联网领域的安全经历从信息安全、网络空间和数据安全到网络空间安全的更迭。在互联网发展到一定阶段时，由于网络空间的开放性和虚拟性，个人、组织或政府传输到网络空间的信息未经授权的访问、更改、中断和破坏，造成极大危害和不良社会影响，因此信息安全变得尤为重要。信息安全是保证信息本身和信息内容的安全，即保证数据的机密性、完整性和可用性。互联网将世界联结在一起，发挥着越来越重要的作用。网络安全即网络系统硬件、软件受到重视，保护好网络基础设施的安全才能保护好其中流动的信息安全。数据安全是信息安全的核心，是数据本身的安全和数据防护的安全。时至今日，网络空间作为战略性博弈的高地，网络空间安全成为关乎国计民生、战略全局的大事。网络空间安全在一定程度上是对信息安全、网络安全和数据安全的综合涵括和发展，不仅强调基础设施、信息和数据的安全，更强调人在网络空间中互动的作用和影响。

基于此，本书将网络空间安全的内涵分两个层次进行阐述。第一个层次，网络空间内基本构成要素的安全，也就是网络系统、基础设施和信息数据的安全。强调网络空间的整体运行处于稳定的状态，各要素能够正常发挥功能，且各要素之间能够和谐发展。网络运行系统的安全即保证信息处理和传输系统的安全，避免系统因崩溃和损坏而对存储的信息造成破坏和损失，通过硬件系统的安全防护、防火墙技术措施和修补漏洞保证系统正常运行。网络基础设施设备是路由器、交换机、服务器等实现通信的网络组件，通过分段和隔离、敏感信息的虚拟分离和物理分离等提高网络基础设施设备的安全性。信息数据安全即注重信息的机密性、完整性、可用性三种核心属性和不可否认性、真实性、可控性等扩展属性，确保数据处于有效保护和合法利用的状态。第二个层次，主体在网络空间中互动的影响，也可以称之为信息应用安全①。简单来说就是虚拟空间的信息应用对现实物理空间所产生的影响。这也是网络空间安全的核心所在。一方面要提升信息应用对现实世界的正向影响，增加政治的开放性和透明度、提升社会生产力、促成多元文化并存、改善人们生产生活方式等。另一方面要尽可能避免信息应用对现实世界的威胁挑战，比如对信息茧房、集群效应、沉默的螺旋等进行合理引导。

### （二）网络空间安全的特点

网络空间安全的隐蔽潜伏性。网络空间的虚拟性和开放性使得网络空间安全问题具有隐蔽潜伏性，随着信息技术的发展，这种特性更加凸显。相较于现实空间中的任何一场战争，由于信息的高速传播、行为的高度隐蔽、身份的虚拟匿名等，网络空间中的冲突往往具有潜伏性。正如习近平总书记在网信工作座谈会上的讲话中指出，“一个技术漏洞、安全风险可能隐藏几年都发现不了，结果是‘谁进来了不知道、是敌是友不知道、干了什么不知道’，长期‘潜伏’在里面，一旦有事就发作了。”② 同时，人们对互联网的使用只是对运行系统的运用，而网络空间具有高度技术化和专业性，需要专业人员进行系统架构、逻辑结构设计并实施，网络空间中的冲突也只有专业性人员才能切身感受到，日常使用者无法深刻体会其中的激烈和复杂程度。但是网络空间的冲突其实一直存在且愈演愈烈，一旦爆发后会对社会经济发展造成不可估量的

---

① 刘跃进，白冬．国家安全学论域中信息安全解析［J］．情报杂志，2020（05）：8.

② 习近平．在网络安全和信息化工作座谈会上的讲话［N］．人民日报，2016-04-26（02）.

损害。

网络空间安全的急剧变迁性。网络空间是建立在信息技术基础上的，也就意味着网络空间安全需要通过信息技术来进行维护和对抗。信息技术的发展是非常迅猛的，呈现出高速、大容量、综合化和数字化的特点，同样，网络空间的攻防技术也越来越多样化。网络空间的供给模式不仅仅局限于 SQL 注入、DOS 和 DDOS 攻击等简单形式，技术手段更加多样化。这就要求网络的防御手段必须与时俱进，能够及时应对突如其来的攻势，缩小网络攻防时间差，尽量降低网络攻击造成的风险。规模性网络攻击行为、安全漏洞、数据泄漏等网络攻击风险的持续增长，不仅意味着创新技术的发展，也代表着网络犯罪的分工化、专业化。因此，网络安全也必须走向创新发展，及时发现和防范安全漏洞。这不仅需要专业人员技术水平和创新能力的提升，同样需要普通用户提升网络安全意识，在日常使用中做好网络安全防护。

网络空间安全的多元主体性。众所周知，互联网用户规模持续增长，网络空间安全的行为主体日益多元化。就我国来说，网络安全的责任主体有国家、主管部门、网络运营者、网络使用者。不同主体在网络空间中面临的安全问题不同，承担的责任不同。在数字化时代，国家仍是网络空间安全的主要行为体和核心，要保护公民、法人和其他组织依法使用网络的权利，促进网络普及、提升网络服务、保障网络秩序，同时要捍卫网络空间主权。国家网信办等主管部门负责具体的网络安全保护和监督管理工作。网络运营商要加强自律，通过技术措施保障网络安全并稳定运行，防范网络犯罪行为。网络使用者是数据的直接生产者，但在网络攻击中处于弱势，保障个体信息安全尤为重要。必须协同好多元主体的力量，确保多元主体为了维护网络空间安全同向发力。

## 三、网络空间治理

当前网络空间中存在着纷繁复杂的问题，为了保障网络行为主义主体在网络空间的权益，必须进行网络空间治理，网络空间治理作为全球性议题被提出。"互联网治理"是网络空间治理的前身，以互联网为核心的网络空间不断扩展，网络空间治理逐渐取代"互联网治理"成为关于网络治理的主要用法。早在2001年11月，信息社会世界峰会指出："互联网治理指的是，国家、私营部门和公民社会从各自的角度出发，对互联网中共同原则、标准、规范、决策步骤和规范应用发展，这一过程同时影响了互联网的引进及使用。"[①] 网络空间治理作为互联网治理的丰富发展，其内涵和外延更加丰富。在我国，网络空间治理属于国家治理现代化的范畴，既遵循国家治理现代化的一般规则，也有其在网络领域的特殊性。网络空间是社会生活的重要组成部分，网络空间治理也是社会治理的重要部分，对其进行分析也应从社会治理的角度出发，围绕网络空间治理主体、客体和环体三方面展开。

### （一）网络空间治理主体

在我国，网络空间治理主体具有普遍性，包括中国共产党、政府、社会组织和广大网民等。根据治理主体在网络空间治理中的不同功能和作用，将其分为网络空间治理领导主体、网络空间治理主导主体和网络空间治理参与主体，领导、主导和参与三个层次是对不同主体的科学表征。

网络空间治理的领导主体是中国共产党。党是领导一切的，网络空间治理也必须由党领导，才能始终保证正确的政治方向、凝聚多元的社会力量。党对网络空间治理的领导是我国网络空间治理的显著优势和根本保障。

网络空间治理的主导主体是政府。政府在我国网络空间治理中具有双重身份，既对其他治理主体进行引导并实施管理，同时也以参与者的身份深入网络空间治理中，当然其管理身份发挥主要作用。

---

① 约万·库尔巴里贾．互联网治理［M］．鲁传颖，等译．北京：清华大学出版社，2019：21.

网络空间治理的参与主体是社会组织、互联网企业和广大网民。其中，社会组织和互联网企业，一方面发挥其市场、技术优势，遵循党和政府的治理规则，直接参与网络空间治理。另一方面也在规范化的网络系统中使民众普遍参与到社会治理中，在党和政府与民众中起到沟通连接的作用。广大网民在整个网络空间治理中参与人数最多，其对网络空间治理的参与和践行直接反映网络空间治理的程度和水平。

在网络空间治理的过程中，虽然不同治理主体之间的层级性仍然存在，但在网络空间去中心化的影响下，不同主体之间的互动关系也逐渐去中心化走向平等。网络空间治理的领导主体、主导主体和参与主体通过协商达成共识，从各自为政到资源共享，有效发挥各自治理效能，推动网络空间治理的健康有序开展。

### （二）网络空间治理客体

网络空间治理客体即网络空间治理的对象，主要包括网络空间中的技术、资源和网络应用等。不同的治理客体具有不同的特征，只有对治理客体的特征进行深入挖掘，才能探索行之有效的治理策略。

网络空间治理的技术客体。网络空间治理的技术客体，就是网络空间中技术使用情况，对其进行规范治理，明确合理合法边界。技术使用或科技创新都要守住伦理底线。既要促进科技向善，防范科技活动带来不好的影响，也要引导科技创新向好的方向发展；要遵循科技规律，根据我国现阶段科技发展程度和社会经济发展水平，推动科技发展和社会伦理良性互动；要坚持问题导向，重点解决科技伦理审查职责不明确、程序不规范、机制不健全等问题。①

网络空间治理的资源客体。网络空间治理的资源客体，就是网络空间中的关键基础资源，主要包括基础网络设施、域名系统、网络层系统等方面。网络空间中的关键基础资源是互联网的神经系统，是万物互联

① 李新翠．科技创新要守住伦理底线［N］．中国教育报，2023-10-13（02）．

的基础，代表国家的互联网建设和发展水平，是推动数字经济发展的关键要素。《中国互联网络发展状况统计报告》显示，在网络基础资源方面，截至2023年6月，我国域名总数为3024万个；IPv6地址数量为68055块/32，IPv6活跃用户数达7.67亿人；互联网宽带接入端口数量达11.1亿个；光缆线路总长度达6196万千米。

网络空间治理的应用客体。网络空间治理的应用客体，就是网络的应用行为，主要指网民在网络空间中的行为样态，包括网络公共参与、网络舆情、网络舆论生态、网络群体性事件等。网络公共参与，是网络空间中网民行为样态的重要形态，已经成为人们日常生活的重要组成部分，事关一个国家网络空间治理的进程。理性有序的公共参与，是网络空间治理进步的标志之一。网络空间治理通过引导和规约网络公共参与，推动网民有序、理性、文明参与网络公共活动。网络舆论是人们在网络空间中进行信息交流和传播的过程中形成的，网络舆论的动态交织形成网络舆论生态。网络舆论对于整个网络社会生活环境状态具有重要的影响，积极向上的网络舆论生态能够实现信息传播的完整正确、价值理念的文明向善、网络行为的理性合规。

### （三）网络空间治理环体

网络空间治理的环体是网络空间治理主体和客体所处的环境，即网络空间环境。网络是基于技术形成的，发展到现在，网络空间不仅仅是多种创新型技术的集合体，也是复杂社会关系的聚散地，因此，就网络空间治理来说，所处的环境是复杂多变的。对网络空间环境的分析，可以从不同角度进行，比如不同时代的网络空间环境有其专属的代际特征，本书从政治、经济、文化等领域展开分析。

网络空间治理的政治环境。网络空间治理的政治环境是对互联网各种政策和政治行动等条件的综合。就国际来说，当前网络空间治理的政治环境主要受到政治格局的多极化趋势、大国在网络空间的博弈等影响。政治的多极化趋势，使网络空间治理逐渐变为各主权国家共同参与的政治行为，多边与多方机制层出不穷，但由于多方利益难以协调、分歧明显，处于缓慢进展和曲折前行中。尤其是大国竞争在网络空间的日趋激烈，使网络空间治理体系呈现出阵营化、碎片化的特征。[①] 就国内来说，党中央和政府对网络安全和信息化工作高度重视，强调网信发展具有“举旗帜聚民心、防风险保安全、强治理惠民生、增动能促发展、谋合作图共赢”[②] 的使命任务，对网络乱象实现常抓常管，对网络生态突出问题进行重拳出击，推动形成良好网络空间环境。

网络空间治理的经济环境。网络空间治理的经济环境包括宏观和微观两方面。网络空间治理的宏观经济环境是网络经济发展水平。据国家统计局最新数据显示，2022 年我国经济发展新动能指数为 766.8，同比增长 28.4%，其中网络经济指数增长最快，对总指数增长的贡献最大。在我国，网络经济已经成为高质量发展的重要因素。网络空间治理的微观经济环境是互联网行业的经营状况和广大网民的消费水平。2022 年，我国电子商务市场规模再创新高，全国电子商务平台交易额 43.8 万亿元，按可比口径计算，同比增长 3.5%。随着科学技术的发展，互联网飞速推动我国经济的可持续发展。

网络空间治理的文化环境。网络空间的扩张增进了融合也激进了冲突。一方面，网络空间的开放性使多元文化迅速涌入，并在网络空间中进行解构融合。健康的网络空间文化环境能够从自我文化传统和外来文化的协调中进行自我完善、自我修复、自我更新。另一方面，网络信息流的冲击导致泥沙俱下，网络文化空间受到错误思潮和价值观念的侵蚀，使网络文化环境处于不稳定态势中。不稳定的网络文化环境导致主流意识形态的引领减弱甚至被边缘化，党的意识形态主导权面临威胁，增加了网络空间治理的难度。

---

① 桂畅旎．当前网络空间国际治理现状、主要分歧及影响因素［J］．中国信息安全，2023（04）：69.

② 习近平对网络安全和信息化工作作出重要指示强调 深入贯彻党中央关于网络强国的重要思想 大力推动网信事业高质量发展［N］．人民日报，2023-07-16（01）.

## 第二节　网络空间治理目标

党的十八大以来，以习近平同志为核心的党中央准确把握信息时代的新变化新发展新挑战，加强对网络空间治理工作的总体布局和统筹规划，做出了一系列网络空间治理的重大部署。习近平总书记指出："网信工作涉及众多领域，要加强统筹协调、实施综合治理，形成强大工作合力。"① 网络治理是国家治理的新内容新领域，必须建立合理的网络空间治理目标，为网络空间治理的系统化谋划、综合性治理和体系化推进提供方向引领。

### 一、优化网络生态环境

习近平总书记指出："网络空间是亿万民众共同的精神家园。网络空间天朗气清、生态良好，符合人民利益。网络空间乌烟瘴气、生态恶化，不符合人民利益。"② 互联网已经成为人民群众的重要生活平台，权威准确的网络内容、理性规范的网络行为、良好的网络道德环境是人民对网络生态环境的美好期盼，网络空间治理要以优化网络生态环境为抓手，以人民群众的急难愁盼问题为着力点，营造风清气正的网络生态环境，让人民群众在网络空间中获得安全感。

#### （一）加强网络内容建设

网络内容是网络空间中的各种信息数据和社会现象，是网络空间中最重要的组成要素，是每个进入网络空间的行为主体最先和最多面对的事物。网络内容的意涵丰富，既有正向、积极的部分，如党和政府发布

---

① 中共中央党史和文献研究院．习近平关于网络强国论述摘编［M］．北京：中央文献出版社，2021：45.

② 习近平著作选读［M］．北京：人民出版社，2023：148.

的官方通报和正能量新闻，高质量的网络文化产品，健康向上的网络行为等；也有负向、消极的部分，如恶意散布的传言消息，低俗落后的网络文化产品，损害他人正当权益、破坏网络安全的网络行为等。网络生态环境的优化就是激励发扬正向的网络内容，摒弃处罚负向的网络内容。习近平总书记指出："我们要本着对社会负责、对人民负责的态度，依法加强网络空间治理，加强网络内容建设，做强网上正面宣传，培育积极健康、向上向善的网络文化。"① 加强网络内容建设能够维护良好的网络运行秩序、营造健康的网络生态，要从多元治理主体出发，确立主体责任，守好网络舆论阵地。

从管理端加强网络内容建设。管理端包括党和政府，即网络空间治理的领导和主导主体。党和政府要在制定对网络内容进行治理监管等相关法律的基础上，制定科学有效的制度规范，实现网络内容建设的法治化、规范化、正规化，并在实践反馈中进行不断修改和完善。提高专业化水平，对网络空间流转的数据和信息进行引导、调适和规制，对网络行为活动进行及时干预和治理。建立一整套系统完善的网络内容治理体系，在管理方面增强灵活性和适应性，在运行方面提高稳定性和协调性，在保障方面确保扎实性和可持续性，在追责方面强调明确性和精准性，在技术方面实现创新性和引领性。确定网络内容和行为的红线和底线，对网络内容进行实时抓取、分析和检测，对越线的内容和行为进行识别标志处罚，并在数据库中进行记录，提高网络内容建设的效率和水平。

从生产端加强网络内容建设。生产端主要是网络内容的生产者和网络传播的平台运营者。网络内容的生产者是网络信息生产、发布、传播等过程链条中的源头，只有网络内容的生产者把好关，生产健康向上、积极正面的网络内容，才能做好网络空间内容的维护。这就需要为网络生产者制定一定的标准，在严格遵守法律规范的基础上，可操作、易执

---

① 习近平．习近平著作选读（第一卷）[M]．北京：人民出版社，2023：473.

行的质量标准能够引导整个内容生产过程、把控网络内容质量。当然，负责网络传播的平台运营者也必须承担好主体责任，因为传播过程中信息的完整性、准确性、正面性同样是网络内容建设的重要环节，同样需要建设即时化、具体化、技术化的标准体系，为其承担适应性的社会责任提供依据。

从用户端加强网络内容建设。用户是网络内容建设的重要主体，网络内容建设归根到底是为用户服务的过程，网络用户的点击率、转载率、评论率等数据信息已经成为网络内容生产者和传播者的重要根据，对网络内容建设有着风向标的影响作用。通过增强网络安全意识，丰富网络安全知识，提升网民素质，引导网民文明、安全、依法上网，让网民加强网络行为自律，增强对网络内容的辨别能力，在生产和传播中能够辨别低俗内容、学习优质内容，以切实加强网络内容建设。

### （二）规范文明网络行为

理想的网络社会生活，是进入网络空间的主体能够依法、理性地进行行为活动。当然，在实际的网络空间中并不是这样，违反法律、道德和理性的主体行为屡屡存在，甚至出现更为复杂的情况。因此，必须防控网络失范行为、建立网络文明行为规范，以优化网络生态环境。

防控网络失范行为。在网络空间中，无论是个体，还是社会组织的失范行为都会对正常运行的网络社会生活秩序产生影响，因此必须加以防控。实施防控网络失范行为的行动策略，通过不同的现实途径对那些已经发生的网络失范行为施以惩戒，包括“教育自律”“法律强制”“行政规范”“道德约束”“舆论监督”和“技术制衡”等多个方面，能够有效应对网络失范行为的发生。[①] 教育和伦理道德等在潜移默化中提升网民对网络行为规范体系的认知和接受；法律能够对网络空间中的违法犯罪行为进行处罚，能够预防和打击网络失范行为；社会舆论能够

① 戚功，邓新民．网络社会学［M］．成都：四川人民出版社，2001：218-224.

对网民的是非观念进行监督和引导，对失范行为进行及时纠正和反思。

建立网络文明行为规范。规范文明网络行为，不仅要对网络失范行为进行及时防控，告诉广大网民什么是错的、什么不能做，同时要建立网络文明行为规范，告诉广大网民什么是对的，什么应该做。通过弘扬主旋律、激发正能量，营造和谐健康文明的网络舆论环境，引导网民生产传播积极向上的信息内容；要激发网民的监督意识，及时发现网络空间中的恶意、虚假信息并举报；加强自律，健康用网、理性用网，使网络空间成为获取有益知识、提升生活品质的正向空间场域；发挥党员干部的模范带头作用，树立先进典型发挥模范作用。

### （三）净化网络道德环境

网络空间中面临新的道德要求和选择。良好的网络道德环境能够构筑人人受益的健康网络生态。《新时代公民道德建设实施纲要》明确指出："要建立和完善网络行为规范，明确网络是非观念，培育符合互联网发展规律、体现社会主义精神文明建设要求的网络伦理、网络道德。"①

加大对网络问题的惩治力度。网络问题的出现在很大程度上是因为网络道德的缺失，对网络重点问题进行惩治能够营造良好的网络道德环境。通过开展网络治理专项行动，对网络暴力、造谣传谣、操控舆论、侵犯隐私等有违良好网络道德环境的信息内容进行严厉整治。实现净化网络道德环境的制度化，增加违反网络道德行为的经济、道德、法律成本。

加强网络从业者的社会责任感。要求网络从业者加强行业自律，自觉遵守网络道德规范。网络从业者长期在网络上从事相关工作、提供网络服务，对网络空间有更深刻的理解，对网络信息内容也有更大的主动权。网络从业人员道德水平不高、职业素质不强、业务能力不高，容易

---

① 中共中央国务院印发新时代公民道德建设实施纲要［N］. 人民日报，2019-10-28(01).

导致违法违规的不当信息在网络空间中传播，污染网络生态环境，因此必须加强对网络从业者的管理、教育培训和监督，使网络从业者自觉承担维护网络公共空间良好秩序的职责。

丰富网络道德实践。互联网为道德实践提供了新的空间、新的载体。网络成为人们进行公益行动的新平台，引导人们随时随地进行公益行为。线上公益的丰富形式，能够引导更多人参与到公益行动中，不断壮大公益力量，形成一支具有“指尖力量”的线上文明公益队伍。线上公益能够最大程度节约公益的时间成本、经济成本，提升公益的质量和效益，已经成为公益事业发展的新方向，与线下公益一起扩展公益服务通道、推行多维服务模式，构筑起有活力的网络道德培育新局面。

## 二、维护网络空间安全

习近平总书记明确指出：“要维护网络空间安全以及网络数据的完整性、安全性、可靠性，提高维护网络空间安全能力。”① 维护网络空间安全就是在网络空间治理中提高应对网络安全突发事件能力、确保网络系统平稳运行、防范化解网络安全风险、维护网络良好秩序，以建设网络强国。

### （一）加强网络安全技术建设

网络空间建设的基础是技术，网络空间防御和攻守的核心是技术，技术在维护网络空间安全中发挥核心作用。网络空间技术是网络空间中一个非常重要的领域，包括计算机网络基础知识、网络安全、网络协议、网络编程和网络管理等，本书第二章将对网络空间技术进行系统分析，这里我们只谈及和网络空间安全密切相关的网络安全技术及其建设。网络安全技术是保障网络系统中软件、硬件、数据及其服务能够稳定运行的信息安全技术。

① 中共中央党史和文献研究院编．习近平关于网络强国论述摘编［M］．北京：中央文献出版社，2021：96.

加强网络安全技术的标准化和规范化。根据国内网络安全形势的发展需要，建设符合国际标准的网络安全标准，并在实践中不断完善，增强标准的规范性；同时加强对标准的宣传解读，发挥好标准体系的规划作用，指导网络安全技术建设有步骤、有计划地平稳推进；抓好网络安全技术标准化人才的队伍建设，推动标准建设的常态化、持续化。

推动网络安全技术升级创新。要立足于网络空间治理的视角，紧紧抓住技术创新这一核心，不断提高网络安全技术的创新水平。网络空间治理是一项超前性的工作，可供借鉴的资料和经验较少，只有不断提高安全技术的创新，才能及时应对日益复杂的网络安全威胁。加大对网络安全技术的扶持力度，确保人才、资源的合力投入，并定期举办技术交流活动，邀请运营商、研究团队进行经验分享，加强协作沟通。

建立统一的网络安全管理体系。当前网络安全频发的重要原因之一就是尚未形成统一、全面的网络安全管理体系，使得网络空间中的很多安全隐患未能消除，而且诸多网络运营商的技术操作也不规范。建立配套的统一网络安全管理体系，由政府职能部门统筹制定安全策略、加强网络安全技术应用、完善网络安全管理制度、进行网络安全培训和教育、加强网络安全管理的监督和控制、开展网络安全宣传等方面工作，保证网络信息安全技术体系的平稳运行。

### （二）优化网络舆情管理

网络舆情能够迅速传播并影响网络空间中大量民众的观点和行为，能够推动社会进步和民众参与，但同时网络舆情也会激化网络社会不同群体之间的矛盾，导致网民陷入认同困境和价值观混乱，因此必须优化网络舆情管理。网络舆情管理是网络空间治理的重要抓手，在这里我们通过舆情发生前、舆情发生时、舆情发生后三个阶段的舆情管理目标，引出本书第三章将对网络舆情治理进行的架构式分析。

主动预防避免舆情风险。建立网络舆情监测和预警机制，及时掌握舆情变化，对网络舆情进行全方位的监测和预警。网络舆情虽然具有突发性，但仍然有其诱因，即时捕捉负面舆情的苗头能够有效避免舆情的产生和恶化。舆情监测软件能够及时对舆情信息进行量化、指数化分析，实现对舆情发展的实时监控。

积极应对化解舆情危机。当舆情发生时，政府及相关部门要及时准确回应，并采取相应措施，秉持公开、透明、客观的原则，避免恶意诱导。建立完善的危机管理机制，形成一套完整的处理流程和组织机构，明确处理舆论的责任和步骤。建立舆情处理指南手册，根据不同舆情风险制定差异性的危机管理措施。

有效恢复避免舆情再发。在舆情危机后要进行总结，完善评估和反馈机制，避免同类型舆情的再次发生；建立舆情问责机制，对引发舆情的责任人要按照法律和规章进行严肃处理；及时发布权威信息，抢占正面信息发布的先机，有针对性地解疑释惑、引导舆论。

### （三）强化网络意识形态安全

习近平总书记在中央国安办一份报告上的批示指出："网络意识形态安全风险问题值得高度重视。网络已是当前意识形态斗争的最前沿。掌控网络意识形态主导权，就是守护国家的主权和政权。"① 强化网络意识形态安全是网络空间治理的重要目标之一，直接关系国家政治安全，必须顶得住、打得赢。网络意识形态安全治理是多方主体发挥各自作用、协同推进的复杂系统治理，通过落实主体责任、加强阵地建设、完善工作机制构建起网络意识形态安全防线，为第四章网络空间意识形态治理的详细阐释提供分析框架和内容引领。

强化网络意识形态安全的主体责任。各级党委具有政治责任和领导责任，要旗帜鲜明地站在网络意识形态安全工作第一线，带头抓好网络意识形态安全工作。党委干部在认真研习马克思主义理论书籍的基础上，不断增强网络媒介素养，做到守土有责、守土负责、守土尽责。政

---

① 中共中央党史和文献研究院编．习近平关于网络强国论述摘编［M］．北京：中央文献出版社，2021：54.

府要履行好管理职责，做好网络媒体的引导和监督，加强对网络信息的监管，引导民众理性表达诉求和观点。企业要承担社会责任，坚持经济效益和社会效益的统一，增强守法意识、做好自我约束，加强对网络舆论的监督和价值的正确导向。网民要对自己负责、对社会负责，自觉提升网络意识形态安全的敏锐度，知法守法。

加强网络意识形态安全的阵地建设。有阵地才有依托，网络意识形态阵地是进行网络空间治理的重要场域。当前我国意识形态安全的阵地建设已经取得实绩，在理论阵地、舆论阵地、文化阵地、精神文明建设阵地四方面取得重要成就。但是在网络空间领域的意识形态阵地建设仍然有不足之处。政务网络平台作为连接政府和民众的重要平台，在人才吸纳、信息更新、政务处理等方面仍然存在滞后现象，必须改进。网络意识形态融媒体的立体宣传格局尚未形成，主流网络平台应及时关注新业态新风口，适应用户需求。县级融媒体中心的建设尚处于起步阶段，各地区建设资源和发展情况不均衡，且并未充分发挥其应有作用。

完善网络意识形态安全的工作机制。建立网络意识形态安全工作检查考核制度、报告制度和预警制度，科学高效的工作机制是网络意识形态安全的制度性保障。网络意识形态安全工作要健全考核机制、加强监督检查。网络意识形态安全工作要坚持统筹布局、细化工作、层层落实，并纳入相关责任主体的年终考核。网络意识形态安全工作的考核可以采取问卷调查、座谈会等方式，对工作成效进行随时检查。网络意识形态安全工作的报告制度是要定期对工作情况进行说明，保证工作顺利开展，并为下一阶段工作做好规划，确保工作落实到位、取得实效。网络意识形态安全工作的预警机制能够提高相关部门的科学决策能力、有效降低负面网络舆情的破坏能力。

### 三、推进网络空间法治化进程

以信息技术革命为基础的网络经济正在快速发展，网络空间成为人们生产生活、创新创造的重要场域。习近平总书记在接受美国《华尔街日报》书面采访时指出："互联网作为20世纪最伟大的发明之一，把世界变成了'地球村'，深刻改变着人们的生产生活，有力推动着社会发展，具有高度全球化的特性。但是，这块'新疆域'不是'法外之地'，同样要讲法治，同样要维护国家主权、安全、发展利益。"[①] 推进网络空间运转的规则化、治理的法治化，是进行网络空间治理，建设网络强国的必由之路。

### （一）加快网络立法进程

坚持科学立法、民主立法、依法立法。习近平总书记指出："要坚持依法治网、依法办网、依法上网，让互联网在法治轨道上健康运行。"[②] 网络空间的科学立法要将顶层设计和统筹部署结合起来，按照网络空间的特点探索立法的科学方式。科学立法要保证网络立法的系统性、整体性、协同性和时效性。互联网技术飞速发展，网络管理呈现滞后性等实际情况，要求网络空间立法必须具有时效性。网络空间是和现实社会各领域紧密相连的，不能脱离政治、经济、文化和军事现状空谈网络立法，要求网络空间立法必须具有协同性。网络空间是由软件、硬件、数据和用户共同组成的丰富场域，要求网络空间立法必须具有系统性和整体性。网络空间的民主立法，就是要维护人民在网络空间中的权益。网络空间的依法立法就是以宪法为根本、以传统立法为基础，进行网络专门立法。

加快推进网络空间治理重点立法进程。网络空间在不同发展阶段具有不同的特征，网络空间安全威胁在不断变化中，网络空间治理的重点也不尽相同。网络空间的法治化建设在以基础性立法建构起框架后，着

① 中共中央党史和文献研究院编．习近平关于网络强国论述摘编［M］．北京：中央文献出版社，2021：151.

② 习近平．在第二届世界互联网大会开幕式上的主旨演讲［N］．人民日报，2015-12-17（01）.

重加强网络空间新兴和重点领域立法，紧跟时代发展和社会需求。基于区块链技术的迅猛发展，制定《区块链信息服务管理规定》；基于未成年人使用网络时出现的隐患，制定《未成年人网络保护条例》；基于个人信息在网络空间中的泄漏，制定《个人信息保护法》。

因地制宜出台地方性网络法规和部门规章。由于各地网络安全和信息化工作存在差异性，在管理体制、权责分工等方面不能一概而论，出台地方性网络法规能够因地制宜，提高网络立法的实效性。浙江省为保障数字化改革、实现公共数据有序开放，公布《浙江省公共数据条例》，这是国内首部以公共数据为主题的地方性法规。辽宁省为规范全省大数据发展，公布《辽宁省大数据发展条例》，以解决数据要素市场发育不充分问题，是规范全省大数据发展的首部地方性法规。湖南省为实现网络安全和信息化的融合发展，制定《湖南省网络安全和信息化条例》，解决网络安全和信息化工作的管理体制等问题，是全国首部网络安全和信息化地方性法规。

### （二）严格执法公正司法

严格执法是推进网络法治化的关键环节。不能进行严格执法就无法将依法治网落到实处，无法树立网络法律体系的权威。严格执法必须有明确的执法程序，明晰执法标准、规范执法行为。严格执法需要有一支政治素质、专业素质过硬的执法队伍，由于网络空间技术性强的特征，进行网络空间执法的人员不仅需要熟悉法律政策、精通执法技能，还需要精通网络技术，以便能够科学网络执法。严格执法需要全面落实网络空间执法责任制，明确网络执法各部门的权责界限，有效解决网络执法过程中权责不清、各自为战、执法推诿、效率低下等问题。严格执法要不断完善网络执法协作机制，形成网信、工信、公安、保密等各部门协调联动机制，既能防止职能交叉、又能避免执法推责，不断提高执法效率。

公正司法是推进网络法治化的最后一道防线。中国坚持司法公正、司法为民，积极回应网络时代司法需求，完善网络司法规则，革新网络司法模式。① “我们要依法公正对待人民群众的诉求，努力让人民群众在每一个司法案件中都能感受到公平正义，决不能让不公正的审判伤害人民群众感情、损害人民群众权益。”② 要防止司法不力和不公，在司法活动全过程中做到规范司法行为、实现司法公开；要坚持司法改革和信息化建设统筹推进，打造一支专业廉洁的司法队伍，推进高质量网络司法；要推动司法网络化、智慧化、阳光化，使司法过程更加高效、利民，打造中国特色的网络司法新模式。

### （三）增强全民守法意识

树立净化网络空间人人有责理念。第 52 次《中国互联网络发展状况统计报告》显示，截至 2023 年 6 月，我国网民规模达 10.79 亿人，互联网普及率达 76.4%。由此可见，网络空间已经成为人们的第二生存空间，净化网络空间、打造健康家园，人人有责、人人尽责。无论是政府、互联网企业、社会组织，还是广大网民，都离不开网络安全的有力保障，因此，每个网络行为主体都有责任做网络空间治理的主体、做网络安全的维护者。广大网民是推进网络空间法治化、进行网络空间治理的主人翁和主力军，在网络空间中既要把控自己的“言论边界”，又要保护自己的“权利边界”：面对网络暴力坚决抵制并举报；尊重他人权利和隐私；文明理性地表达权利和观点。

提高网民整体的法律意识。习近平总书记在网信座谈会讲话中指出，“形成良好网上舆论氛围，不是说只能有一个声音、一个调子，而是说不能搬弄是非、颠倒黑白、造谣生事、违法犯罪，不能超越了宪法法律界限。”③ 网民要依法上网。不仅要加强网民上网行为的监管，也要加大网络法律法规的宣传教育力度，结合实际开展普法类宣传活动，

① 彭飞．持续推进网络空间法治化［N］．人民日报，2023-03-18（03）．
② 习近平谈治国理政［M］．北京：外文出版社，2014：141．
③ 在网络安全和信息化工作座谈会上的讲话［N］．人民日报，2016-04-26（02）．

逐步落实网络实名制，建立网络信用档案、信用评价体系和黑名单制度，健全互联网用户账号信用管理体系，将法治基因融入网民血脉中，使网民自觉尊法守法用法。让守法成为网民的基本素质是推进网络空间法治化的重要目标。

## 第三节　网络空间治理原则

进入新时代，营造清朗健康的网络空间、提高用网治网水平，使互联网这个最大变量变成社会事业发展的最大增量，已成为党和国家重要任务。强化网络空间治理，既需要加强对网络空间本身的监管，也需要在国家治理和社会治理的视域中，与其他环节共同构建联动协同的综合治理体系。总体来说，当前网络空间治理需要遵循独立自主、德法共治和协同治理的原则。

### 一、坚持独立自主原则

提升网络空间治理能力，一方面是为了实现网络空间安全，另一方面是增强网络空间独立自主发展的机会和能力。网络空间作为新兴的第五空间，具有强大的发展潜力，主导权争夺日趋激烈。当前，无论是面对网络空间的技术战、舆论战和意识形态斗争，还是构建网络空间命运共同体这一紧迫而艰巨的任务，必须坚持独立自主原则，才能将经济发展优势转化为对外话语主动权，增强主流意识形态的公信力和认同度，维护主流意识安全，推动网络强国建设取得新成效。

#### （一）有效维护我国网络自主权

提高网络自主权的国家意识。国家主权是一个内涵和外延在不断发展的概念，互联网不是全球公共空间，属于国家主权的管辖。网络安全事关国家安全和国家发展，事关每个公民在网络上的权益和正常行动。

从“棱镜”计划、“怒角”计划、“星风”计划，到“电幕行动”、“蜂巢”平台、“量子”攻击系统，以美国为首的西方国家试图推行网络霸权主义，依靠自身在网络中的发展先机和优势破坏各国网络安全和稳定，威胁全球网络安全。因此，我们必须坚定捍卫国家网络空间主权，提高网络自主权的国家意识。坚守国家独立选择网络发展道路的权利，让网络空间和网络发展利国利民。捍卫公民在网络空间中的合法权利，不仅是国家和政府的职责，也是每个网民的责任。网民作为行为主体在网络空间进行活动时，要提高警惕、增强保护意识，既要能警惕外来势力在网络空间中频繁带节奏的虚假消息，也要在网络空间中形成维护网络自主权的良好氛围。

筑牢网络自主权维护的基础。互联网本质是技术网络，维护网络自主权的基础必须是核心技术自主创新。当前，我国网络发展的规模和速度已经取得很大成就，然而“从本质上看，目前中国老百姓使用的是由美国发明的因特网（Internet）。它是由美国主根控制的网络而不是全球共有的网络，并非‘国际互联网’”①。中国作为网络后进国家，网络关键核心技术仍然受制于西方发达国家。要发挥社会主义优势提升关键核心技术自主创新能力，通过科学统筹、协同攻关，集中力量进行技术攻关，解决卡脖子难题，在创新发展中占据主动。网络空间的竞争归根到底是政治立场坚定、具有创新思维的网络科技人才的竞争，因此必须加强高素质网络人才队伍建设，以产教融合促进网络强国人才培养。

健全网络自主权维护的体制机制。为维护我国网络自主权，已制定《中华人民共和国网络安全法》《数据安全法》和《关键信息基础设施安全保护条例》等法律法规，为国家网络安全提供制度保障。但是互联网发展日新月异，始终处于不断创新变动的过程中，因此要坚持形成并完善立体化的网络治理法律体系。除此之外，要构建网络意识形态领

① 网络军民融合编辑部．落实习近平网络主权原则，建设中华公网共图强［J］．网信军民融合，2018（05）：11.

域的风险防范化解机制。西方国家在我国网络空间中进行的意识形态侵蚀和攻击从未停止，并且随着科技的发展进一步增强隐蔽性和危害性，这是对我国网络主权和国家政权的侵蚀，必须擦亮眼睛及时发现并予以反击，需要政府、企业和网民发挥协同力量，共享网络安全信息，筑牢维护国家网络自主权的坚实屏障。

### （二）构筑网络安全新高地

创新驱动为网络安全保驾护航。目前，网络安全态势感知、监测分析、通报和处理上存在的问题都需要创新驱动来完善和改进。通信信息诈骗事件层出不穷、数据窃取猖狂，对网络安全态势感知有待加强，通过创新建立网络安全态势感知平台，不仅是打赢网络战争最基本的分析武器，而且能够提升网络空间生产力、增强网络作战力。在网络空间安全防御中，出现网络安全监测漏洞，归根到底是因为监测仪器和技术不够先进和成熟，通过网络安全监测技术的创新，不仅能隔离网络病毒的入侵，同时也能实现对网络安全威胁的主动免疫。网络安全是攻防思维的博弈，传统的网络安全只注重防御，具有被动性和滞后性，应该借鉴企业网络安全技术中从漏洞管理到攻击面管理的创新，从攻击视角评估自身脆弱性，增强安全防御的全面性。

数智赋能产业生态融合为网络安全提质增效。数智赋能产业生态融合是利用数字技术和智能手段，推动产业的协同发展，实现经济社会的转型。这个过程与网络安全密切相关，因为数字技术和智能化手段都是在网络空间中进行运行和扩展，网络空间的安全得不到有效保障，就会影响到数字技术和智能手段功能的正常发挥，容易导致程序紊乱、系统崩溃。同时产业生态融合需要以数字技术进行分析、处理，产业数据、产业资源需要在网络空间中进行交汇，产业融合后的服务提供也是在网络空间中开展，一旦网络空间安全受到威胁，就会出现严重的数据泄露，影响经济社会的正常运行，对国家安全造成威胁。因此，数智赋能产业生态融合，推动网络安全制度规范、监管机制、教育培训、应急响应等的建立完善。

产教融合助力网络安全人才培养。企业和学校共同开展人才培养工作，构建人才输送、评价和培养的系统工程，推动形成从人才培养到技术创新再到产业发展的良好生态。提供充足的资金和技术支持，支持科研人员的研究与创新；通过联合建设网络安全攻防实验室等，提升网络安全专业技能；协同搭建体系化网络空间安全技术培训课程，提高实战技能；打造“企业+高校”双师型师资培训体系，为人才培养提供支撑。切实推动科研技术成果的产出与转化，为提升我国网络空间安全水平和高素质网络安全人才队伍建设贡献力量。

### （三）树立正确的网络发展观

网络安全是整体的而不是割裂的、是动态的而不是静态的、是开放的而不是封闭的、是相对的而不是绝对的、是共同的而不是孤立的。因此，要树立整体、动态、开放、共存的网络发展观。

树立整体的网络发展观。网络发展的整体推进是领域、人口、区域的全面推进。网络发展在不同的领域要整体推进，实现经济、政治、文化、生态等各领域与网络的深度融合。网络发展对所有人民要整体推进，实现网络基础设施、网络通信技术、网络安全意识、网络法律制度对所有人民的开放共享，并保障其在网络空间中的合法权益。网络发展对所有区域的全面推进，我国不同地区、城乡之间的网络发展不平衡，要平衡不同地区的信息化和数字化程度，缩小区域间的“数字鸿沟”。

树立动态的网络发展观。信息技术和智能化手段更新迭代速度快，使得网络空间始终处于动态变化过程中，必须树立动态的网络发展观。要坚持与时俱进，积极适应网络发展新形势新动态。根据国际网络安全形势的变化，及时调整战略对策，用互联网助力中国发展实现弯道超车。要跟踪国际网络安全的新技术和新应用，我国网络技术比较薄弱，尚处于奋力追赶阶段，一方面需要不断提升创新能力实现关键核心技术自主攻克研发，另一方面也需要跟踪技术发展形势，减少攻克过程所需要的时间。不断创新，采取针对性的防御手段。全球重大网络安全事件层出不穷，要从中吸取教训总结经验，在实战中不断进行创新攻关。

实现精准治理。目前我国网络发展已经在基础设施、网络安全、知识产权、内容管理等方面取得显著成效。网络发展实现向好发展，接下来应该进一步推动系统化、精准化治理。针对网络空间中的重点难点问题进行专项治理，2023年“清朗”系列专项行动聚焦自媒体乱象、网络水军、重点流量环节、营商网络环境、平台信息等9方面内容，为网民营造文明健康的网络环境。互联网发展更加贴近生活，网络治理也从宏观转向微观，可穿戴设备、智能终端等微型设备的普及化，个体数据更加丰富，基于行为数据分析对网民的监管更加有力。

## 二、坚持德法共治原则

无论是网络技术、网络舆情还是网络意识形态，都是以网络空间为桥梁连接着人与人、人与物的关系，具有社会性。网络空间治理作为社会治理的新领域，实质是对网络空间中网民行为的治理，必须坚持德法共治原则。既注重发挥道德的自律作用，又注重发挥法律的规范作用，实现道德和法律的有机结合，有利于提高网络空间的治理效能，共同推动网络空间的健康发展。

### （一）规范网络空间参与主体的权力（利）和责任

明确网络空间参与主体的权力（利）和责任。包括网络服务提供者、网络内容创作者和网络用户等。网络服务提供者为网民提供信息和互动平台，享有规则制定权、规则执行权、纠纷裁判权、取得特别许可权等，应该承担注意或审查义务、安全保障义务、知识产权保护义务、隐私权保护义务或个人信息保护义务等。[①] 网络内容创造者创造内容并进行传播，应该承担个人隐私权保护义务、信息传播责任等。网络用户

---

① 彭玉勇．论网络服务提供者的权利和义务［J］．暨南学报（哲学社会科学版），2014（12）：67.

大多是网络信息的分享者和传播者，拥有言论自由权、信息传播权等，应该承担个人隐私权保护义务、遵守网络空间秩序、合理利用网络的义务等。建立健全网络空间参与主体行为规范和法律法规，建立有效的追责机制，使各类主体能够各尽其责。

加强网络空间参与主体的监管和管理。建立健全网络空间参与主体的监管和管理机制，包括对网络空间参与主体的身份认证、信息审核、行为监管等方面。关于网络参与主体的身份认证，网络实名制是最行之有效的方法。2017 年《中华人民共和国网络安全法》在法律层面正式确立了网络实名制的要求，地方也陆续出台了相关立法文件，在这些法律规定下，网络实名制成为网络服务提供商和网民必须履行的一项义务。关于网络参与主体的信息审核，2020 年开始施行的《网络信息内容生态治理规定》制定了严格的网络信息审核标准，网络信息内容服务平台应该进行信息发布、跟帖评论审核、广告审核，网络行业组织要建立内容审核标准细则。关于网络参与主体的行为监管，是对网络参与主体的各种行为进行管理，如《网络交易监督管理办法》《药品网络销售监督管理办法》《网络直播营销管理办法（试行）》等。

鼓励网络空间参与主体自我约束和自我管理。通过制定自律规范和行业标准，鼓励网络空间参与主体自我约束和自我管理，形成行业自律机制，促进网络空间的健康发展。互联网空间的开放性对网络从业者的自律提出更高要求。遵守法律法规和道德要求只是底线，作为拥有网络技术的专业人员在网络空间治理中还具有更深层面的责任。一方面，不能用技术优势侵犯其他网民的合法权益，不接入有害信息的网站并传播；另一方面要配合国家网络空间治理战略，清理违法和不良信息、防范各类网络入侵行为、积极参与同行交流、加强技术创新研发。

### （二）增强网络道德的约束力和实效性

以德治网能够弥补依法治网的不足。习近平总书记指出，“要加强网络伦理、网络文明建设，发挥道德教化引导作用，用人类文明优秀成果滋养网络空间、修复网络生态。”①

强化网络道德教育。网络道德教育是基于网络空间的一种现代化教育形式，以网络空间作为教学环境，对网民进行价值认知、主流意识、道德品质、信息素养的教育。培养网络道德意识，网络空间复杂多变，不仅给人们的生产生活交往带来极大便利，同时也存在技术手段滥用、价值观冲击等负面影响，网民必须对此有清醒认知，行为要恪守网络道德规范和准则。建立并完善网络道德规范，打造以中华传统美德涵养、以社会主义核心价值观引领的网络道德规范，② 同时要吸收人类文明优秀道德成果。提升网络道德教育的有效性，将网络道德教育和现实教育相结合，用现实教育为网络道德教育筑牢基石，用网络道德教育扩展现实教育的内容。现实道德教育的基础牢固，会积极作用于网络世界，现实中的道德观、价值观会映射到网络空间中；网络道德教育作为现实教育的新发展，不仅实现了道德的信息化、数据化，而且推动现实道德教育向更高水平发展。现实道德教育和网络道德教育相辅相成，能够提升网络道德教育的实效性。

加强网络道德宣传。形成优良的网络道德氛围对于增强网络道德的约束力至关重要，必须加强网络道德宣传。扩展网络道德宣传渠道，网络道德宣传应打好“线上+线下”的组合拳，夯实“学习+科普+推送”的宣传机制，实现“特色+联合”的宣传体系。网络道德虽然是在网络空间领域的道德，但网民都是生活在现实空间的，因此必须在现实领域潜移默化地进行网络道德教育；网络道德不仅通过教育进行，科普活动和各种推送也应该发挥部分作用；形成具有网络特征的联合式网络道德宣传体系。创新网络道德宣传形式，网络道德的宣传要采取广大网民喜闻乐见的形式进行，比如短视频、快闪行动、手势舞、知识竞赛等，并

---

① 习近平．在第二届世界互联网大会开幕式上的讲话［N］．人民日报，2015-12-17(02)．

② 王易，陈雨萌．新时代网络空间道德建设的多维审视［J］．思想理论教育，2021(03)：54.

适当设立一些奖励，激发最广泛群众的参与热情。提高网络道德宣传的有效性，关键是增强针对性和适用性，网络道德规范有很多，但对于不同领域、不同职业、不同年龄的网民来说，需要遵循的道德规范可能有所不同，因此要提高网络道德宣传的适用性，帮助网民解决迫切的问题。

强化网络道德监督。网络的虚拟性增加网络道德推行的难度，网络道德需要较强的自律性，因此必须加强监督。建立健全网络道德监督机制，形成正向的自律与他律相结合的网络监督机制，网民和政府之间、网民和互联网企业之间、网民和网民之间应该互相监督，实现公私兼顾、平等互利、己他两利。加强网络道德监督的执行力，执行力不足的关键所在往往是动力不足、目标缺失、不可判定。可以通过设定奖励、考评等激励机制激发网民和互联网企业监督的动力；要设定可实现的目标，比如对某个领域、某种行为进行治理，以增强网民行动的积极性和获得感；同时政府要对网络行为进行明确的判定，减少企业和网民监督过程中的疑惑。提高网络道德监督的社会认可度，网络道德监督作为“软监督”要想发挥“硬作用”取得“硬实效”必须聚合一切社会力量，实现全覆盖、精准化和智能化。

### （三）基于德法共治的网络空间治理新生态

以法育德，使网络道德规范得到强制执行。以法育德通过“以法载德”和“以法养德”实现。“以法载德”强调网络法律规范的影响力，网络法律法规是对网络空间中行为规范和准则的集合，网络法律法规的制定和实施不仅能够惩治网络失范行为，也能够对网络行为进行规范和约束，从而推动网络道德规范的发展和维护。“以法养德”强调网络法律规范的辅助性，网络法律规范的制定实施可以在潜移默化中提升人们的网络道德意识和网络道德水平。通过网络法律法规的教育和引导，人们能够深刻意识到自己在网络空间中言语和行为对虚拟社会和现实社会产生的双重影响，从而培养良好的网络道德品质。

以德促法，增强网络法律规章的内在认同。通过网络道德建设推进网络法治文化建设。习近平总书记指出："没有道德滋养，法治文化就缺乏源头活水。"[①] 网络道德对网络法治文化有滋养作用，要在网络道德体系中体现网络法治要求，要在网络道德教育中突出网络法治内涵，要在网络法学教育中坚持网络道德观念。通过网络道德建设促进网络法律规范的法治。理想的网络道德规范法治，是实现良法善治。网络道德是衡量网络法律的重要标准，优秀的网络法律应该符合尊重他人、保护个人隐私等基本网络道德规范；网络法律规范的生命力在于执行，有公信力的执法司法活动关键在于执法司法者的职业道德水平，其中很重要的一部分是其网络道德素质。通过网络道德建设增进网络法律规范的尊崇和服从。通过网络道德建设，在全社会营造清朗网络空间的氛围，能够增强网民对网络法律规范的信仰和合法性认同，减少网络法律规范实施的阻滞，提高网络法律规范的治理效力。

奖惩并重，提升德法共治的网络治理效能。网络空间治理应该建立完善的奖惩机制，既包括对网络失范行为的惩罚，也包括对网络道德行为的褒奖。对网络失范行为的惩罚，一方面通过法律法规对违法行为进行及时处罚，另一方面要建立健全网络道德失范行为的惩罚机制，通过网络监管、网络举报等方式，及时发现网络空间中的不文明不道德行为，并予以相应的治理。对网络道德行为的奖励，可以通过完善奖励机制进行，对倡导网络文明新风、遵守网络道德规范、积极维护网络秩序、净化网络空间的网民要以表扬、奖励等方式进行鼓励，让网络道德模范受到应有的尊重，以发挥榜样引领作用。

### 三、坚持协同治理原则

网络空间治理是国家治理现代化的缩影，同样遵循从法治走向善治的过程，善治的关键是多元主体在合作的基础上化解矛盾，因此网络空

---

① 加快建设社会主义法治国家［J］. 求是，2015（01）：5.

间治理善治必须充分发挥多元治理主体协同作用。网络空间复杂多变，只有坚持多元协同治理，才能营造清朗有序的网络空间。习近平总书记指出："要提高网络综合治理能力，形成党委领导、政府管理、企业履责、社会监督、网民自律等多主体参与，经济、法律、技术等多种手段相结合的综合治网格局。"①

### （一）党和政府发挥领导和主导作用

党在网络空间治理中发挥领导作用。党引领网络空间治理全局，网络空间治理的复杂性和系统性，要求党始终发挥领导核心作用。一方面要增强中国共产党在网络空间中的权威性，及时对党的网络政策进行解读和宣传，扩大党在网络世界的存在感和数字影响力。另一方面要夯实中国共产党治理网络的精神旗帜，坚持网络空间治理的社会主义方向。党建引领驱动网络治理队伍建设。习近平总书记指出，"加大力度建好队伍、全面从严管好队伍、选好配好各级网信领导干部，为网信事业发展提供坚强的组织和队伍保障"②。网络空间治理的关键在人，网络法律规范的立法、执法、司法，网络道德规范的监督、投诉、处理，都需要有一批忠于党、听党指挥的专业人才，能够忠诚核心、拥戴核心、维护核心、捍卫核心，严格以党制定的网络法律规范进行网络空间治理。党凝心聚力筑牢网络安全防护网。党是领导网络事业发展、建设网络强国的核心力量，只有党才能凝聚起进行网络空间治理的社会力量，汇聚企业、社会组织和广大网民等各方力量，党为各方合力提供交流沟通合作的平台，并且通过党基层组织充分发挥党的政治优势，宣传党的网络空间治理方略，提升民众的认同。党引领网络法治建设，党始终坚持全面依法治国，因此在坚持以德治网的同时强调依法治网，为网络空间的法治建

---

① 习近平．敏锐抓住信息化发展历史机遇 自主创新推进网络强国建设［J］．党建，2018（05）：1.

② 中共中央党史和文献研究院编．习近平关于网络强国论述摘编［M］．北京：中央文献出版社，2021：12.

设进行统筹、提供架构，并且全力推动网络空间法律规范的制定和落实。

政府在网络空间治理中发挥主导作用。政府在网络空间治理中起主导作用，既是网络空间治理规则的制定者和监管者，也是网络空间治理的参与者和统筹者，政府主导作用的充分发挥有利于形成良好的网络空间治理格局。党提出网络空间治理的方略，政府依据方略开始进行立法和监管。政府建立健全网络空间治理的框架体系，研究制定网络空间治理的规则标准，执行落实网络空间治理的法律法规，加快构建网络空间治理的基础制度体系，用制度和法律确保网络空间内行为的有序开展，引领网络经济高质量发展。政府是网络空间治理的参与者，通过建立和完善网络空间治理的基础设施和平台，保障技术体系的创新发展和资源配置的合理公平。政府是网络空间治理的统筹者，统筹网络发展和安全，有序引导推进网络空间治理的规范发展，明确网络空间不同主体的责任和义务，把安全贯穿网络空间治理全过程。

### （二）协同其他参与主体共同治理

互联网企业是网络空间的重要建设者和运营者，应该承担起社会责任，积极配合政府进行网络空间治理，加强信息安全管理和信息内容管理。互联网企业在网络空间治理中具有主体和客体的双重身份，作为客体，要服从国家网络治理政策，接受政府管理，自觉接受社会组织和网民的监督；作为主体，因为占有基础设施和技术优势而参与网络空间治理。不同类型的互联网企业在网络空间治理中发挥不同作用。技术导向型互联网企业比如华为，能够提供互联网基础产品，对网络空间治理的发展起到至关重要的作用；媒体导向型互联网企业如腾讯，主要进行信息服务，即进行信息的生产传播和消费；应用导向型互联网企业如京东，主要在某一领域提供智能服务，实现现实行为的数字化。

社会组织在网络空间治理中发挥着重要作用，应该积极参与到网络空间治理中来，积极发挥自己的作用，配合政府进行网络空间治理。以网络社团为例，网络社会参与网络空间治理有三种类型，协同合作型、自发自主型和政府介入型。协同合作型是网络社团出于兴趣或利益，以极高的热情参与到网络空间治理过程中，并与政府形成良性的互动机制；自发自主型是网络社团处于专业性自发参与到网络空间治理中，政府的介入和约束较少；政府介入型具有较强的行政特征，网络社团服从政府的安排。三种类型的网络社团，或发挥补充优势，或发挥专业优势、或发挥辅助优势，都能够对网络空间治理起到正向辅助作用。①

技术专家可以提供专业的技术支持和指导，为政府和企业提供更好的解决方案。技术专家是网络空间治理的生力军，技术专家围绕网络空间治理的重点、难点、痛点问题开展攻关，形成有价值、高质量的研究报告，提交党和政府，并且有可能转化为政策成果，把人才智力优势转化为网络空间治理效能。技术专家是网络空间治理决策的智囊团，技术专家接受有关单位委托或者主动参与有关单位决策，网络空间治理的相关事项进行调查、取材、研判，为有关单位提供咨询意见，能够推动网络空间治理的专业化和科学化水平。

### （三）网络空间治理要走好群众路线

习近平总书记指出："网信事业发展必须贯彻以人民为中心的发展思想，把增进人民福祉作为信息化发展的出发点和落脚点，让人民群众在信息化发展中有更多获得感、幸福感、安全感。"② 网络空间治理必须走群众路线，坚持相信群众、依靠群众、为了群众。

网络空间治理要坚持相信群众。网络空间中最大的主体是群众，进行网络空间治理最大的受益者也是群众。在向广大网民讲清楚网络安全的重要性、网络空间治理的必要性之后，要相信广大群众具有参与网络空间治理的能力和意识。相信广大人民群众，要及时听取人民群众的意

---

① 周建青，龙吟．自发与嵌入：网络社团参与网络空间治理的类型及其转化机制［J］．暨南学报（哲学社会科学版），2023（07）：62.

② 中共中央党史和文献研究院 编．习近平关于网络强国论述摘编［M］．北京：中央文献出版社，2021：25.

见。群众活跃在网络空间第一线，往往能够及时发现网络空间中的问题，因此相关部门要深入广大人民群众中，完善听取群众意见机制，及时对问题进行处理，提升网络空间治理的时效性。

网络空间治理要坚持依靠群众。依靠广大人民群众，要向人民群众学习。人民群众的智慧是无穷的、经验是丰富的，对于一些网络空间中的重难点问题，可以在听取人民群众意见后，采取更加精准经济的方法。依靠广大人民群众，要发挥好意见领袖的作用。意见领袖作为政府和民众的联通桥，能够更好地将网络空间治理政策传达给群众，增强群众的认同感和参与感。依靠广大人民群众，要增强群众在网络空间治理决策中的话语权，平衡弱势群体和强势群体表达利益诉求的能力和渠道，平衡政府、企业和网民的网络利益。

网络空间治理要坚持为了群众。为了广大人民群众，要以人民群众利益为重。尊重人民的权利，维护人民的利益，确保人民群众在网络空间中实现发展。为了广大人民群众，要切实维护不同主体的网络需求。为了广大人民群众，要通过网络空间治理，让网络成为宜居的文明家园，满足人民群众更高的网络文化生活需求。为了广大人民群众，要坚持人民评判网络治理的成效。习近平总书记指出，“时代是出卷人，我们是答卷人，人民是阅卷人。”① 如何进行网络空间治理是现时代的一张试卷，党和政府通过法律规范、体制机制维护网络安全、进行网络空间治理作答，人民是阅卷人和评价者。

① 习近平谈治国理政（第三卷）[M]. 北京：外文出版社，2020：70.

# 第二章

# 网络空间技术治理

近年来，我国的科学技术稳步发展，在很多领域都取得了举世瞩目的成就，然而，随着全球化的不断深入和互联网的快速发展，网络技术治理在实践中不断遇到新问题、新困难。本章着眼于网络空间的技术治理，力争对当前出现的问题能够提供相应的对策和建议。

## 第一节　网络空间技术治理的理论阐释

网络技术作为构建网络空间的核心组成部分，依赖于完整的技术链条，在网络空间中起到协同作用，推动其他元素进行创新性转换，从而进一步激发网络技术创新和发展的需求，为网络空间的有效管理提供了坚实的基础。

### 一、网络技术治理的理论框架

伴随着科学技术的快速发展以及网络信息技术的高速普及，网络空间正逐渐成为影响人们生活甚至生存的重要空间，它在政治、文化、经济等方面都有着深刻的影响。网络治理已经延伸为网络技术治理，为了更好地营造风清气正的网络空间，要厘清网络技术治理的理念与原则和网络技术与社会发展的理论联系。

### （一）网络技术治理的理念与原则

在当今世界，网络技术已成为世界各国科技创新的主要战场，也是世界各国进行综合能力竞争的主要方向。习近平指出，“我们要顺应这一趋势，大力发展核心技术，加强关键信息基础设施安全保障，完善网络治理体系。”① 随着中国经济步入新的发展阶段，核心技术是国之重器。网络技术治理是以国家机构和其代理人为核心，社会组织、个人公民等多个主体共同参与的治理。根据国家的意志和秩序维护的需求，网络技术将社会事实、动态环境和网络生活转化为清晰的数据化映射图谱。通过总结数据规律、建立相关联系、识别潜在风险，制定精准的应对策略，构建了一个“多元协同、风险预测、回应互动、科学决策”的网络技术治理生态系统。在网络技术治理中要遵循以下原则：一是坚持网络主权原则。以美国为首的发达国家单方面进行“利益扩张”，利用其在信息技术方面的优势，侵犯了其他国家的网络主权独立，这无疑展示了网络霸权主义的存在。坚持网络主权原则是网络技术治理的前提条件。二是坚持独立自主原则。作为一个网络发展相对滞后的国家，中国在网络信息基础设施的建设上确实有明显的不足。同时，中国在核心技术方面高度依赖外部资源，这导致长期存在的“中国制造”未能迅速转变为“中国智造”，从而削弱了中国作为网络强国的核心竞争力。要切实维护网络自主权，积极发展网络高科技，实现自主创新。三是坚持德法共治原则。网络空间不是法外之地，必须着力建设好网络空间道德，加强互联网领域立法与执法，为网络技术治理在法治轨道上健康运行提供了基本遵循。

### （二）网络技术与社会发展的理论联系

技术并不是一种脱离于社会独立发展的力量，技术的发明都要依托

① 加快推进网络信息技术自主创新 朝着建设网络强国目标不懈努力［N］. 人民日报，2016-10-10（01）.

发明人生活的社会语境。技术不仅受到来自经济、政治和文化诸多因素的影响，还会使人类社会发生深刻变革。社会是一个非常复杂的系统，马克思曾指出："现在的社会不是坚实的结晶体，而是一个能够变化并且经常处于变化过程中的有机体"①。在这个社会中，没有任何一个要素可以被取代。这就是技术之所以重要的原因，同时也是技术不能独大的原因。而网络技术不是社会变化的偶然因素，它们是真实体现当前许多社会变化（如新的生产经营形式，通信媒体或者经济、文化全球化）不可或缺的重要手段。网络的核心作用在于增强人们之间的互动和联系。互联网、物联网和大数据等先进的网络技术显著地减少了信息交流的成本，克服了传统的沟通障碍，并扩大了人们之间的互动范围和深度，使得个体和组织能更方便地建立联系。网络技术颠覆了传统的社会亲近性和物理邻近性的固有联系，使得空间不再是决定人与人之间交往范围和深度的关键因素，社会交往的行为也变得越来越不受地域限制。随着网络技术，如互联网和物联网，深入社会各个层面，人与人、物与物之间的关系在网络的推动下持续扩展，社会的各种元素逐渐融入了这种网状的社交网络中，逐步形成了"网络团结"。网络技术在社会变革中扮演着至关重要的角色，它以网络的方式重塑了人类的社会结构。网络技术的广泛应用极大地推动了社会生产的进步，并在整个人类社会的发展轨迹中发挥至关重要的作用。但是网络技术"也重新形塑了社会治理的外界生态，网络性社会关系、多元性社会利益以及社会运行中的风险叠变对原有的社会治理体系与治理能力形成巨大的挑战"②。因此，我们应该积极面对各种新问题，促进网络技术与人类社会更好地协同发展。

① 马克思恩格斯文集（第5卷）[M]. 北京：人民出版社，2009：10-13.

② 翟绍果，刘入铭. 风险叠变、社会重构与韧性治理：网络社会的治理生态、行动困境与治理变革 [J]. 西北大学学报（哲学社会科学版），2020（02）：163.

## 二、网络技术治理的法律与政策

党的二十大报告提出“健全网络综合治理体系，推动形成良好网络生态”的网络治理新目标，其本质是建立以技术治理为基础，以法治为手段的网络全生态治理体系。现阶段，网络治理法治成为法治社会新常态。网络技术治理也需以法治价值、原则、理念和规范为遵循，实现治理法治化，更好满足广大人民群众在网络空间的美好生活需要。

### （一）法律法规在网络技术治理中的地位与作用

网络是信息技术发展的产物，网络中的人就是现实空间的人，网络空间的所有事物都是现实空间的映射。所以，网络空间同样需要法治，需要法律法规的调控和规范。在网络技术治理中应用法律法规，通过法的制度设计和运用以及价值彰显的方式进行社会调控，法治化则为规范网络技术主体行为和均衡多元价值取向提供了可能选择，也是全面依法治国和新时代网络技术治理转型的基本路向。网络技术治理法治化就是以法律明晰各类主体权责利关系，用法治要求规范各类治理行为，使网络技术治理依据主体、对象、标准、方式、观念、机制等的创设与运行合乎法治要义。目前，“技术赋能所肇致的国家分权实践使社会转型逐渐加快”[①]，治理的技术主体多元化特征日益突出，已经引起了新的法律变革，迫切需要用法治的方式厘清技术主体在治理中的权责利关系。同时，技术治理的复杂性也使得法治成为固化治理效能的重要手段。由于网络信息的传播具有实时性、交互性、跨界性等特点，而网络信息内容由各种各样的主体基于各异动机创设、传播、使用和管理，其背后隐含的多元价值偏好与利益诉求放大了多主体博弈风险，而信息技术的颠覆性迭代升级进一步强化了网络技术治理情境的复杂性，如何回应多样态主体博弈和技术发展引发的治理问题，也需发挥法治具有的稳定性和

① 陈荣昌．网络信息内容治理法治化路径探析［J］．云南行政学院学报，2020（05）：49.

长效性优势，用法律法规化解问题、解决问题。在网络治理的实际工作中，法律被视为至关重要的政策工具，它涵盖了公共秩序、国家的安全与犯罪、对未成年人的保护以及网络隐私权等多个重要领域。当前，全球各国普遍认为网络法律规制是最关键的规制性政策工具，我们要通过法律手段来明确网络空间技术治理的主要调整目标和方法，以提升依法治理网络的强度、准确性和可靠性。因此，提高法律法规在网络技术治理中的地位，依法建网、依法用网、依法管网，是深刻把握我国网络技术治理的必然要求。

### （二）网络技术政策的制定与实施

网络技术政策是执政党和国家（政府）基于统筹发展和安全、弘扬所倡导的核心价值观、建设良好网络内容生态、繁荣发展网络文化等目标，为推动网络正能量传播、禁止网络违法信息、抑制网络不良信息所制定的行动方案和行动准则。在中央网信办第一次会议上，习近平总书记提出明确要求：中央网络安全和信息化领导小组要发挥集中统一领导作用，统筹协调各个领域的网络安全和信息化重大问题，制定实施国家网络安全和信息化发展战略、宏观规划和重大政策，不断增强安全保障能力。① 作为一个具有全球覆盖范围的技术体系，互联网在客观上需要借助可通约的政策手段进行相应的调整。实际上，在实际的治理过程中，有许多既有效又具有独特性的治理策略，但许多仅适用于较小规模的个性化政策工具，对于庞大的互联网来说，其效果并不突出。只有那些在各个地区广泛应用的通用政策工具，才可以被应用于互联网的管理实践中。政策属于上层建筑，具有明确的价值取向和一定的意识形态属性，集中反映统治阶级的利益和意志，必然体现执政党的理念和政府的立场，是政治控制、公共管理、利益调整的工具或手段，具有导向功能、管控功能、协调功能。网络空间是虚拟空间，但却是现实社会的延

① 习近平谈治国理政［M］. 北京：外文出版社，2014：199.

伸和映射，体现出虚拟性与现实性融合的特征。同时，网络空间是关涉各利益相关方的命运共同体。因此，网络内容治理政策作为执政党和政府治理网络空间的工具，不仅要维护国家和社会公共利益，还要兼顾非公共部门和个人利益，服务于整个社会的发展进步。网络技术政策的演变始终是坚持问题导向，紧扣治理的核心议题，在实践探索中实现的，即遵循“发现问题—分析问题—解决问题—推动发展”螺旋式推进的逻辑，这也是中国共产党坚持用马克思主义的立场、观点、方法分析解决问题的体现。

### （三）法律法规与政策和网络技术发展的相互影响

在网络技术治理中，法律法规与政策和技术是最为关键的两个环节。法律法规与政策是网络技术治理的基础和安全的保障，技术则是网络发展的前提和创新的体现。从我国网络技术发展的现状来看，网络技术发展超越法律法规的更新。制定法律法规是网络技术治理的基础，然而法律法规的制定与技术的快速迭代相比相对落后。如果用相对滞后的法律法规与政策规范和制约发展迅速的网络技术，势必要求在立法技术上以原则性规定和法律转换性适用为主。相关政策和法律既要适应网络技术日新月异的发展，也要尽可能以相对稳定的制度规范去适应不断变化的网络环境。一方面，法律价值对技术治理的工具选择和运用可以起到引领作用。从根本上说，技术治理是一种利用确定性和精确性的科学知识，对网络社会中人们的行为进行一定的控制，以满足治理者自身利益的活动。但是，部分技术治理者可能会过分使用验证、痕迹追踪、信息筛选和加密等方法，从而建立数字化的竞争障碍，这可能违反了公平和正义的核心理念。这类技术治理方法过于重视技术的经济价值，而忽略了其在道德上的重要性。法律是存在道德维度和价值理性的，它所包含的对于人的生活状况、自由、权益、尊重和价值的关怀，可以有效地对抗在技术治理中出现的不合逻辑和非人道的元素，进而有力地对抗由于过分重视技术理性导致的人们的技术化、客体化以及社会生活的技术化趋势。

另一方面，越来越多的法律法规被技术代码化。利用代码进行监督，即合作协议和技术规则，当借助代码来监管网络用户的行为时，我们不仅会将其当作监管的辅助手段，还会越来越依赖技术，将其作为规则的直接方式，这是因为软件会帮助我们分析当前的环境，推荐最优的方式。从根本上来看，代码技术是由企业为了提高效率研发出来的，同时它也会提高网络技术治理的效率，优化法律治理的能力。

## 三、网络技术治理的伦理与价值取向

在大数据时代，人们在享受海量信息的同时，也面临着信息泄密、网络欺诈、黑客攻击等一系列伦理问题。明晰网络技术的伦理问题与挑战、信息自由与权利保护的价值取向以及网络技术的社会责任与义务对于营造清朗的网络空间、畅享信息文明带来的便利具有重要的指导意义。

### （一）网络技术的伦理问题与挑战

随着信息技术的发展，“人工智能”“5G 网络”“智慧城市”等网络技术，正在以一种全新的方式融入人类的生活中。网络技术推动了社会的发展，给人们的生活带来了便利，同时也潜藏着诸多隐患与风险，极易在网络空间中引起广泛的网络技术伦理问题。“网络技术伦理讨论的则是信息技术主体与服务对象之间、技术主体与社会关系之间以及不同技术主体之间关系的原则和规范”①。技术与人的关系以及人与人的关系是网络伦理关系的基础。恩格斯曾指出：“人们自觉地或不自觉地，归根到底总是从他们阶级地位所依据的实际关系中——从他们进行生产和交换的经济关系中，获得自己的伦理观念”②。信息文明时代，

---

① 田鹏颖，戴亮．大数据时代网络伦理规制研究［J］．东北大学学报（社会科学版），2019（03）：24.

② 马克思恩格斯文集（第 9 卷）［M］．北京：人民出版社，2009：99.

技术革新推动了生产力的发展，也使生产关系发生转变。无论生产关系如何转变，人们对于社会产品分配公平的渴求始终如一。如果将信息技术作为生产工具，那么信息技术成果就是劳动产品，这样便产生了两个主体，一是网络技术的发明者，二是网络技术的使用者。伦理平等即生产关系中的公正平等的分配原则，是网络技术发明者和使用者的共同诉求。前者的平等强调的是对技术独占排他的保护，后者需求的则是对技术成果的收益平等共享。现实中区分技术与技术成果是具有一定难度的，在有些时候甚至出现了混淆，正是因为这种混淆不清，利己主义的新型网络利益观才大行其道，这就引发了网络技术的伦理问题与挑战。今天，这种技术性网络伦理关系渗透到社会生活的方方面面，充分彰显着人们对网络主体自由意志的关切，也萌生了一种新型的道德与利益关系。一方面，当代公众依托互联网拥有了更多的情绪表达机会，他们能超越时空限制就突发伦理事件做出及时反应，具有更为强大的伦理影响力，更易于形成“以自我为中心”的“网络个人主义”，也易于造就“部落化”的“信息茧房”和“回音室效应”。因而，在特定伦理事件中，我们不仅要看到网络情绪对社会不道德、不伦理现象的批判，对社会伦理道德发展的助力，也要看到网络情绪已成为行恶的工具。另一方面，一些网络技术公司通过利用数据技术对获得的海量数据进行分析，使得原本不相关的零碎的资料，可以还原出个人信息，从而暴露出个人隐私，引发伦理道德问题。

### （二）信息自由与权利保护的价值取向

互联网的迅速崛起，离不开云计算、物联网、移动互联网等技术的支持，要想消除网络技术带来的负面影响，就必须要用社会主义核心价值观来对网络道德伦理场域进行规范。面对错综复杂的网络空间交往，网络伦理空间的终极管理形式是信息自由与权利保护的价值取向的构建。在某种程度上，人类的社会生存是个体信息的外在形态，人类的一切社会行为都是一种信息传播的过程。随着互联网的发展，用户可以通过社交网络建立属于自己的网络空间，并传递自己的信息。

网络空间中的个人信息主要是指能够反映用户身份或者活动情况的各种信息，如姓名、性别、年龄、家庭、种族、职业、住址、教育程度、个人经历、社会活动、电子邮箱等。人们通常会将个人信息授权给社交网络运营商或服务提供商使用，由于不同企业的数据安全技术建设水平参差不齐，导致部分用户的个人信息依然面临被非法获取、滥用、泄露等风险。与其他技术相同，网络技术具有隐蔽性、间接性、持续性的特征，对人们的网络行为会产生一定的影响和制约。虽然在诸多规范的网络伦理范式中，网络技术发挥了重要的作用，但从技术的自主性出发，它还没有脱离政治与社会的范畴。具体而言，技术的价值在于促进社会的发展，而管制则应该通过国家的公共权力来进行。这样可以最大限度地保证大部分人都能分享和使用技术，而不是被个人所垄断，也可以实现对网络技术异化的有效防范与治理。一般而言，技术的使用往往是被嵌入社会核心价值中去的，这种主流价值的判断和选择，都会对技术创造者与用户的伦理与道德行为产生一定的影响。只有树立信息自由与权利保护的价值取向，始终让技术服务于治理，服务于人民，而不是让技术异化为治理本身，才能构筑起防堵侵犯个人信息隐私行为的思想藩篱，以期在最大限度上避免发生此类行为的可能性。

### （三）网络技术的社会责任与义务

在网络技术伦理场域中，对网络技术主体（信息技术发明者和管理者）进行持续的道德责任认定是极为必要的。这种认定既包括网络技术主体清楚明白网络技术伦理道德准则，可以自主自由地选择道德行为，同时还要对任何损害网络使用者的技术行为进行最严格的惩治。不断增强网络技术主体的责任意识，以实现网络技术的正向价值。网络技术社会责任治理是网络治理的重要组成部分，必须给予充分的重视。网络空间的治理与监管根本在于对网络技术的治理与监管。网络时代的任何传播行为都可能成为大众传播，从而造成巨大的社会影响，所以必须明确网络技术的设计者和使用者各自需要承担的技术责任、平台责任和使用责任。网络技术主体担当社会责任，把社会效益放在第一位。网络技术主体责任意识的树立需要着力于技术研发和使用两个阶段。在技术研发阶段要始终坚持创新型人才培养战略，在创新型人才培养的过程中要格外注重德行为先的人才培养理念。在创新技术的使用过程中，国家应加大技术资金投入，落实网络公众的实名制管理，将个人信征与网络域名相结合，从而实现网络域名的实名制管理。同时对网络公众的基本信息进行加密管制，任何个人、单位、团体不得非法使用网络公众信息。这样便能以技术手段实现公众自由人权和规制管理的两相平衡。“发挥政府、平台、社会组织、网民等主体作用，共同推进文明办网、文明用网、文明上网，共享网络文明成果，构建网上网下同心圆”①。强化网络技术的社会责任与义务，增强网络技术主体的道德责任意识，提高网络技术主体的道德自律能力和道德自觉意识，对于实现网络空间治理具有重要的意义。

## 第二节　网络空间技术治理的现状

网络空间是信息技术变革创新带给人类发展的新空间，是数字经济发展的重要载体空间。网络空间技术治理是一项系统工程，不仅涉及技术，还涉及政策、社会、法律法规、伦理道德等多个方面。只有各方统筹兼顾，网络技术的作用才能得到充分的发挥。现阶段，网络空间技术治理仍然面临严峻挑战。

① 中华人民共和国国务院新闻办公室．携手构建网络空间命运共同体［M］．北京：人民出版社，2022：20.

## 一、网络空间技术治理的发展态势

当前，发展数字经济已成为全球各国为重构国家竞争力、争夺国际话语权而抢占的创新制高点，以新一代信息通信技术为核心的科技革命和产业革命正重塑全球创新版图和全球经济结构，战略机遇可谓百年一遇。

### （一）当前网络技术的发展水平

根据中国互联网络信息中心（CNNIC）发布的第 52 次《中国互联网络发展状况统计报告》显示，截至 2023 年 6 月，我国网民规模达 10.79 亿人，互联网普及率达 76.4%。与此同时，伴随物联网技术和制造业服务化倾向的兴起，人类社会进入工业革命 4.0 时代。“十年来，我国移动通信技术实现从‘3G 突破’‘4G 同步’到‘5G 引领’，4G 基站占全球一半以上，5G 基站数达到 185.4 万个，5G 移动电话用户超过 4.55 亿人，所有地级市全面建成光网城市，行政村、脱贫村通宽带率达到了 100%。”① 目前新基建的深度探索，如互联网、5G、人工智能、大数据、云计算、区块链等数字技术，以及元宇宙激发的下一代互联网产业的想象，都在刺激互联网产业产生新的商业模式，新的产品、服务和新的业态。互联网技术已经深入渗透到传统产业的各个环节，从产品设计到生产流程，再到产品销售，为传统产业提供服务的新型互联网业态正在不断出现。新兴的网络技术已经广泛应用于生产性服务业的各个环节，包括研发、设计、生产、销售和服务等，这催生了一系列基于产业发展的新型服务业态，并已经成为在互联网经济背景下增长最快的产业集群。新兴网络技术不仅促进了互联网的服务形态和内容创新，还促进了互联网行业的生态建设和发展，并将成为未来的关键增长领域。每一代新技术的革故鼎新、成熟及扩散，都将给网络行业带来新的

---

① 王桂军，张辉．新时代建设现代化产业体系：成就、问题与路径选择［J］. 教学与研究，2023（06）：15.

动力，实现颠覆式的变革与飞跃。随着数字经济新时代的到来，互联网巨头纷纷加大了对自身技术力量的投入，以期在未来取得更大的竞争优势。目前，下一代互联网产业结构仍处于初始阶段，主导技术和标准还未完全确立，全球的网络技术格局正在经历重塑。伴随着数字经济、平台经济等以创新为核心、互联网产业为标志的新型经济模式的快速崛起，技术已逐渐转变为重塑全球资源和调整全球竞争格局的核心动力。

### （二）新兴网络技术的研发与应用

党的二十大报告指出，没有坚实的物质技术基础，就不可能全面建成社会主义现代化强国，要“建设现代化产业体系”，“坚持把发展经济的着力点放在实体经济上，推进新型工业化，加快建设制造强国、质量强国、航天强国、交通强国、网络强国、数字中国”。[①] 目前，不论是政府的规制还是技术企业的支持，都离不开新兴的人工智能、物联网和大数据管理等新的治理方式。新科技革命深刻变革了网络空间的治理模式，但也为治理主体提供了更为智能、高效的监督方式，使其能够利用新技术工具对网络空间进行有效的监督。从区块链技术到大数据追踪，从人工智能算法革命到人脸识别的应用，通过互联网和在线社区构建的新的信息互动体系，人们改变了传统的沟通交流方式，在网上寻找与自己的意愿、理念、诉求一致的团体，而新兴的互联网技术的发展，也为线上团体的信息传播和更大的舆论影响创造了无限的可能性。事实上，随着人工智能、大数据和区块链等科技的快速发展，新的产业、应用和场景已经超出了传统监管制度的范畴。一些大型技术公司正迅速崛起，在网络空间安全治理中发挥着越来越重要的作用。阿里、腾讯、中国移动、IBM 等国内外企业已在网络空间中进行了大量布局。在人工智能方面，阿里结合现有的云计算等业务，在客户服务、数据分析、语音

① 习近平．高举中国特色社会主义伟大旗帜 为全面建设社会主义现代化国家而团结奋斗——在中国共产党第二十次全国代表大会上的报告［M］．北京：人民出版社，2022：30.

识别、图像识别等方面都有了很大的发展；IBM 在工业互联网、智能医疗等领域引入人工智能技术；腾讯则在国内外投资了一些人工智能公司，并把相关的技术运用到 QQ 和微信上；小米、华为等国产公司也都对物联网的前景抱有很大希望，在智能家居、可穿戴设备、工业互联网等方面都有了一定的研发和部署，并开发了相应的应用和服务。

## 二、网络空间技术治理的现实困境

从全球视角看，伴随着新技术的迅速发展和广泛的应用，网络空间和新兴技术在深度整合的过程中展现出了更加复杂的管理状况。在新的技术背景下，产生的各种成果和应用虽然为国家提供了宝贵的治理资源，但是，与此同时也正在快速地改变网络空间的管理模式。因此，探讨网络空间安全治理的困境与挑战，营造良好的网络空间已成当务之急。

### （一）治理意识不强，影响技术治理的统一性

理念是实践的先导。网络空间治理意识影响网络空间技术治理效果和力度。目前，网络空间技术治理仍旧存在治理意识不强的问题，这主要体现在政府治理理念单向度化，企业协同共治意识淡薄，行业组织治理立场偏颇等现实困境。

第一，政府治理理念单向度化。在互联网时代，政府部门所面对的最大挑战之一就是“重塑”自身，通过对系统的结构和功能的调整，使之符合网络技术的发展需求。在传统的行政管理思维模式下，政府往往展现出直接的干预、过度的监管和过于细致的管理行为。这导致行业组织和网民等主体被置于次要和被管理的位置，而对其他主体共同参与治理缺乏关注和调动，从而使得网络技术治理难以形成真正的合作关系。在网络空间中，政府在利用公共权力进行删除和屏蔽时，并没有充分激发网络平台和行业组织的自治能力。由于各种主观和客观原因，行业主体未能充分发挥其应有的作用，公众主体的参与也缺乏制度化的途

径和表达渠道。政府主体仍然牢牢掌握着互联网治理的“话语霸权”，长期以政府为权力中心，治理权力没有真正向市场和社会让渡，因此难以充分发挥网络内容治理的主体性作用。一些政府监管机构在协同监管和合作治理方面存在明显的思维缺陷，对于网络技术的理解还不够深入。他们的监管主要集中在表层性内容上，更多地关注后果。只有当相关行为导致了较大的舆论压力和负面影响时，他们才会介入。“实践中，一些政府官员对网络惊慌失措、望而生畏，对网络舆论视而不见者有之，拒绝采访者有之，屏蔽、删除、封杀网帖者亦有之”①。此外，政府在进行算法监管时面临着技术门槛高、监管团队建设有限、执法成本过高和监管能力不足等问题。针对某些企业在算法推荐方面出现的问题，我国的监管机构通常采用约谈的方式进行干预和惩罚。这些问题的叠加作用降低了算法违规的成本，并增加了技术治理的难度。

第二，企业协同共治意识淡薄。随着技术的赋权和社会转型的加速，国家治理不再仅仅是政府的责任，而是更加强调治理主体的多样性和互动性。例如网络社交平台为网络信息的生成和传播提供了关键的技术支持，并在信息内容管理方面起到了不可或缺的作用。在实际操作中，许多平台企业过分追求经济收益，忽视了对社会的责任、公众意识不够强烈，缺乏特色化和品质化的内容供应；治理技术的进步缓慢，降低了审核标准，甚至没有进行审核，这为谣言的传播创造了条件，加重了非主流文化的扩散，治理的实际效果令人担忧。企业缺乏与网民协同共治的意愿。大型企业的所有者利用其技术上的优势，为治理行为带来了价值取向。在制定企业管理规则的过程中，互联网新业态采用的“软法”生产方式必然会反映出生产者的价值取向，并倾向于制定对自己有利的操作规则。为了追求功能性的服务，用户倾向于遵循企业的单一决策和价值准则，这可能带来损害公众利益的风险。以微信为例，用

① 刘远亮. 网络政治安全治理的网络技术之维［J］. 中国矿业大学学报（社会科学版），2019（04）：10.

户需要开通电话、相册、位置、通讯录等多个权限才能正常使用微信，同时也面临着信息泄露或滥用的风险。此外，平台上的企业算法分发展示了特定的偏好信息，这对网民的观点和态度产生了一定的影响。

第三，行业组织治理立场偏颇。由于受到传统管理模式的制约，网络内容治理中的行业组织呈现出明显的行政依赖性，它们在制定政策反馈和规则时主要依赖行政命令，缺乏足够的独立性。某些行业组织的内部发展尚不完善，它们成立的时间相对较短，规模也不大，而且它们之间的协作能力也相对较弱。以网络直播监管为例，并非每一个直播平台都拥有出色的技术管理能力，很多无法进行技术自主监管的组织需要与政府携手，共同构建有效的直播监管体系。互联网行业的组织在日常运营中常常需要行政监管机构的介入和指导，这导致其话语的影响力和行为的约束力相对较弱。尽管它们参与了网络技术治理，并发布了各种倡议和公约，但这些网络自律公约的主要特点是强调基本原则和理念，缺乏实际操作性，从而限制了其治理效果。此外，近些年网络技术类的社会组织在全国的社会组织总数中所占比重相对较低，这限制了它们在大数据技术管理中的潜在作用。尽管技术社会组织中有大量的人才聚集，但由于历史背景或科研人员自身的影响，他们在提升组织社会影响力方面缺乏足够的积极性。目前，政府还没有推出足够和有效的激励措施，以促使这些科技人才能够进一步扩大网络技术组织在社会上的影响力。因此，在众多公民看来，许多网络技术机构似乎遥不可及，这极大地限制了技术组织在大数据技术治理中的作用，迫切需要技术组织的成员们发挥自身的主观能动性，利用讲解、介绍、科普等方式，在社会上建立起积极的影响，从而逐渐改变公众的观念。

### （二）治理手段不高，影响技术治理的有效性

方法手段是解决问题的钥匙和关键。治理手段决定网络空间技术治理的成效。目前，网络空间治理仍旧存在技术手段僵化导致技术价值偏失，科技权力垄断致使技术平等遇挫，数据隐私侵犯以致技术正义缺位

的现象。

第一，技术手段僵化导致技术价值偏失。网络空间信息的多元化、信息传播环境的多变性以及信息传播媒介的多样化，都给技术治理带来了更高的需求。在网络空间技术治理中，以工具化的信息科学技术为主体对网络空间进行智能化管理是当下常用的技术手段。随着新技术和新应用的快速出现和发展，其研发和应用正在为人类带来不可预知的不确定性和潜在风险。以网络技术在信息传递领域的运用为背景，利用网络技术处理大量的互联网数据以确保信息的准确传输，并为用户提供定制化的内容服务以增强他们的阅读体验，这已经变成了众多媒体平台竞相追求的新方向。然而，算法的智能化让人们完全沉浸在技术进步所带来的便捷之中，却完全没有意识到其中所需付出的巨大代价。“它在以其强大的智能技术范式重筑社会基础设施、重塑人们的社会生产方式和生活方式的过程中，正在‘分裂’出自己的对立面，甚至发展成为一种新的外在的异己力量。”① 并使现有的治理体系和能力常常显得相对落后，这导致了灰色地带或监管漏洞的存在，使得不良信息和虚假信息泛滥，网络诈骗、网络犯罪、知识产权侵权、数据黑产等危害网络内容生态甚至扰乱社会公共秩序的行为得以滋生。由于平台的盈利倾向和个人信息的商业化趋势，平台常常为了追求更高的流量而包庇一些灰色地带。当平台将其个人偏好和财富观念以代码方式融入技术编程中时，算法不再仅仅是一种纯技术性的语言。这导致人们逐渐成为高速运行的智能社会系统的“附庸”和“奴隶”，从而使技术治理再次陷入僵化的困境，难以体现其技术价值导向。

第二，科技权力垄断致使技术平等遇挫。目前，在我国的网络环境中，竞争模式并不是多元化和扁平化的，而是逐步展现头部垄断状况。在网络环境中，信息具备可复制性、可分割性、可多次使用以及低边际成本等优点，从理论角度来看，这些信息可以被完全开放和共享，从而

① 孙伟平．人工智能与人的“新异化”［J］．中国社会科学，2020（12）：119-120.

产生更多的经济价值。在由技术力量主导的社交媒体管理体系中，用户与平台之间的权利层次存在差异，这为技术领域的权力垄断创造了条件。例如，网络大公司借助大数据技术的优越性，采取了不公平的定价策略，从而损害了消费者的福利。首先，从平台竞争的角度来看，通过多种数字定价算法的交叉应用，优势平台能够在竞争对手价格发生变化之前，对价格威胁进行预警并做出反应。这使得优势平台能够依赖数据，在市场中形成价格竞争的结构优势，从而精准地实施以打击竞争对手为目的的掠夺性定价，迫使竞争对手退出市场。其次，从消费者的视角出发，当定价算法基于消费者的过去浏览历史、支付能力、浏览的终端种类，甚至考虑到他们的性别、年龄和行业背景进行综合评估时，它可能会为同一商品或服务的不同消费者提供不一样的价格，这可能导致所谓"大数据杀熟"或"价格歧视"。再次，尤其在我国高度重视协同治理的大背景下，政府各部门之间的数据共享变得尤为重要。然而，目前能够进行大数据挖掘和分析的技术公司非常稀少，导致平台垄断的问题变得越来越突出。

第三，数据隐私侵犯以致技术正义缺位。随着网络技术在人们日常生活中的广泛使用，其重要性日益凸现，政府、企业、个人对其的重视程度也日益提高。虽然网络技术的发展给人们带来了巨大的经济利益，但也给人们的隐私和安全带来了一定的威胁。由于当前网络技术治理体系不健全，网络公共数据隐私意识较弱，用户无法完全分离公共领域和私人领域。因此，平台制定的监管技术规范既不具有充分的正当性，又不能突破平台追逐私利的限制，资本追逐利润的本质决定了监管技术不会将公众的利益放在第一位，消费者的隐私也常常受到侵害。在互联网环境下，用户难以管理自我隐私边界，隐私安全问题也越来越突出。一方面，一些不法分子利用网络技术，像电子邮件、SMS 等引诱用户访问它们。一旦受害者访问该网站，在网络上点击陌生的链接，就会给受害者造成严重的经济损失。陌生的链接会引导访问恶意网站或下载恶意软件，从而破坏用户的设备或者盗取使用者的个人信息，同时，陌生链接还会将用户引入钓鱼网站，骗取用户输入自己的个人信息及卡片信息，导致未经批准的访问和私有数据泄漏的危险增加，严重损害了用户的利益。另一方面，这类数据因其累积性和相关性，单个地点的信息可能不会暴露用户的个人隐私。然而，当一个人的多种行为从多个不同的地理位置汇聚在一起时，他的个人隐私将会被暴露出来。这是因为与他相关的信息已经相当丰富，而这种不易察觉的数据泄露通常是个人无法预测和控制的。从技术的角度看，可以通过数据的提取和整合来获取用户的隐私信息，而在实际应用中，采用所谓“人肉搜索”方法可以更为迅速和精确地获得所需结果。另外，在大数据环境下如何在不影响数据使用的前提下，利用何种处理技术快速建立起网络隐私保护系统，是一个亟待解决的问题。

### （三）治理能力不足，影响技术治理的权威性

网络空间治理主要取决于治理网络空间的主体，即网络空间治理能力的水平和效能。目前，网络技术产业后劲不足、网络核心技术人才素养不高、网络信息伦理失范等问题减弱网络空间治理能力，影响技术治理的权威性。

第一，网络技术产业后劲不足。随着移动互联网、物联网和云计算技术的迅速发展，开启了移动云时代的序幕。然而，中国网络技术产业后劲不足，网络发展瓶颈仍然较为突出。首先，核心技术受强国制约。“互联网核心技术是我们最大的‘命门’，核心技术受制于人是我们最大的隐患”①。当今世界正经历百年未有之大变局，技术主权之争愈演愈烈。互联网的发展史源于冷战时期的美国，从全球网络信息产业布局角度分析，现在我国计算机系统所应用的软件有86%以上来自美国，CPU有90%以上进口于美国。其次，体系结构先天性不足。网络的运

① 习近平．在网络安全和信息化工作座谈会上的讲话［M］．北京：人民出版社，2016：10.

行离不开服务器和网络地址。然而，“在互联网中扮演了非常重要角色的域名根服务器，13 台中的 10 台设在美国，另外 3 台分别设在英国、瑞典和日本，也间接受美国控制”①，从全球网络地址分配上，互联网的 IPv4 地址总数有 40 多亿个，而美国所拥有的 IP 地址总数接近 30 亿个，占全球的 74%左右，我国现在拥有的 IP 地址总数仅接近 5000 万人，只占全球的 1%左右，我国信息系统等级保护的核心框架仍然受到美国信息系统安全等级保护等相关标准的影响。在实际的操作中，用户很难仅根据业务流程的安全需求来全面考虑安全体系，这导致了信息系统的功能设计与其安全性设计之间存在不匹配的情况。再次，网络安全防御技术比较滞后。计算机网络中的数据极易受到病毒、黑客攻击和木马等多种不稳定因素的影响，这些因素在数据传输过程中极易遭到窃取或损坏。尽管我国在密码设计、芯片技术、主板配置、基础支持软件以及网络连接等多个方面已经建立了国内体系，但其网络安全策略依然主要依赖于被动的防护手段。并且由于数据安全预警和异常行为检测技术的积累不足，目前还不能满足监测、预警、定位和处置等多方面的安全风险预防需求。

第二，网络核心技术人才素养不高。网络核心人才是具有人工智能、物联网、区块链、量子通信、机器人、数据分析、虚拟现实等技术方向所对应的技能专长人才。他们不仅是各行各业和领域的尖端技术人才，也是网络技术产业未来实现跨越式发展所必需的核心人才。专业的网络技术人才队伍建设是确保网络空间安全顺畅运行的关键环节。“网络信息技术是全球研发投入最集中、创新最活跃、应用最广泛、辐射带动作用最大的技术创新领域，是全球技术创新的竞争高地。”② 网络技术的迅猛发展对网络空间治理提出了更高的要求，因而必须依靠技术人

① 刘吉强．我国网络安全技术体系的短板［J］．人民论坛，2018（13）：25.

② 习近平．加快推进网络信息技术自主创新能力 朝着建设网络强国目标不懈努力［N］．人民日报，2016-10-10（01）.

才队伍作为后盾。然而，我国网络技术人才队伍建设还有待加强，网络技术人才的“质”和“量”还没有达到有机平衡。首先，人才队伍质量有待提高。从知识和技能层面来看，无论是在网络空间技术的研究和开发、关键技术的市场份额，还是在进口技术和产品的检测、深层次安全漏洞的识别和阻止方面，我们都存在着明显的不足。核心问题在于专业技术人员的整体素质和技能相对偏低，缺少高度专业和尖端的人才，以及既精通技术又具备管理能力的复合型人才。其次，人才培养机制有待完善。作为网络人才培养重要补充的社会培训方面，普遍存在培训机构本身资质不够、培训功利化严重、培训课程难成系统、培训缺乏自主产权标准等诸多乱象，致使培训效能重复叠加、水平低下，与欧美等国的差距甚远。在教学模式上重视理论培养忽视实践操作。学生很难将书本理论知识有效地转化为实战演练，继而出现人才培养脱离社会需求无法适应时代发展等现象。再次，人才队伍布局有待改善。目前，我国的网络技术人才在不同的区域、行业和城乡之间的分布并不均衡，存在明显的结构性问题，这使得他们难以满足社会转型、经济发展模式的转变、产业结构的优化升级以及区域均衡发展的需求。在第三产业领域，传统的专业人才相对较多，而新兴的高科技人才则显得十分稀缺，远远不能满足行业需求和国家网络信息技术的发展需要，网络技术人才的培养已经成为中国未来网络行业发展的必然要求。

第三，网络信息伦理失范。与一切技术相同，技术自身并无任何价值，是中性的，但是由于涉及主体的利益，这就使得网络技术的伦理问题更为凸显。使用网络技术的个人、公司有着不同的目的和动机。技术被应用后，由于其目标的差异，对个人、企业甚至社会产生正面或负面的影响。由于网络技术的广泛应用，“在这一时代人的本性也在发生不同程度的嬗变：由社会人→信息人过渡，但其本质——有限理性和非理性并没有根本改变，所以在不同‘信息人’之间基于网络信息的渗透和影响形成了一种新型伦理关系”①。这种伦理关系通过整合现有社会的交往方式和价值理念，再从现实世界迁徙到虚拟网络世界。网络技术可以帮助我们增强预测精准度，有效提升处理复杂事件的决策能力，但同时也滋生着人类前所未有的各种伦理问题和道德矛盾。一方面，随着个人数据搜集的日益普遍，用户对个人隐私安全性也越来越重视。网络技术将我们转化为各种“可视性”和“透明性”的“数字人”。为了达到更高效益的精准营销，企业组织经常会利用大数据关联分析技术来寻找零星数据之间的潜在联系，通过技术的持续挖掘与分析对我们进行“数据标注”，而这往往会触及数据隐私。另一方面，也有部分网民在利用网络技术来满足自己需求的同时，其在网上的言行举止也受到技术思维的深刻影响。“部分网民实施失范行为除受非理性因素驱使之外，他们对网络技术特性的曲解也起到推波助澜的作用”②。网络具有即时性、互动性、广泛性以及隐匿性等技术特性，在某种程度上，一些用户对网络技术缺乏合理的认识与利用，是造成网络道德失范现象频繁发生的主要原因。这些矛盾和冲突严重冲击着人们的道德底线，也使人类几千年来建立的伦理价值体系在网络信息时代面临着严峻的挑战。

## 第三节　网络空间技术治理的路径选择

从网络技术本身入手，侧重于对多元化网络技术手段的运用，这是在当今网络社会有效应对诸多安全风险和挑战的重要路径。所以，根据网络技术和网络社会的发展趋势和特性，从多个角度探索实施网络空间技术治理的有效途径，是有效提高互联网治理稳定性的现实需要。

① 王常柱，武杰，张守凤．大数据时代网络伦理规制的复杂性研究［J］．科学技术哲学研究，2020（02）：109.

② 崔聪．论网络空间道德秩序构建的法治保障［J］．思想理论教育，2021（01）：24.

## 一、以健康的网络技术观念推进网络强国建设

网络技术观念在网络空间治理的过程中是极其重要的方面。目前，网络技术在网络空间治理过程中的话语权与影响力与日俱增，要以健康的网络技术观念推进网络强国建设，所以，在网络技术治理过程中，我们必须正确对待技术对网络空间治理提出的挑战，改变诸多与网络技术和网络社会发展不相适应的传统观念和思维方式，树立正确的网络技术观念。

### （一）坚持系统治理理念

系统治理理念的本质是把网络空间看作一个整体。因此，网络空间的管理方式并不是简单的点对点问题解决，而是将点与面相结合。我们不仅要对特定问题进行应对和处理，还要对整个网络空间的生态环境进行详细规划和整体治理。我国要想位居世界数据大国，这仍然是一件极其艰巨的任务。为了确保我国在政治、经济、文化等多个领域因为网络技术的进步而迅速发展，我们必须在各个领域进行全面的改革和完善，消除传统的障碍，并在各地区实施大数据策略，以实现资源和信息的共享。从系统性看，网络空间是一个开放和发展的领域，它是各种安全问题的交汇点，反映了国家安全的整体状况。系统治理的观念不仅强调对网络技术的管理，还强调在社会、政治、经济、文化等多个系统领域中深入理解网络技术并进行相应的治理措施。技术在网络治理中具有革命性作用，因此，要积极利用网络技术来提高管理水平与效率。我国应当积极推进大数据技术创新联盟的策略，针对数据问题寻找解决方案，持续进行创新性的研究，并开发出具有中国独特风格的大数据公共服务系统。科技与我们的日常生活紧密相连，科技的产生应当为民众带来福祉。因此，我们应该在与公众相关的领域中展示典型的应用案例，通过部分应用来推动大数据的全面进步。所以，在实施网络技术治理工作的过程中，除了要注意政治、舆论等方面的消极影响之外，还应该将那些

危害经济发展、市场稳定、文化进步等方面的内容纳入管理之中，实行系统化治理。

### （二）坚持多方协作理念

多方协作理念是指摒弃单一的治理主体，通过促进政府、媒体、社会组织和公民之间的紧密合作，形成网络空间治理的综合力量，从而实现在单一治理模式下难以实现的创新性成果。互联网的发展为多方协作提供了坚实的技术基础，“网络技术在内容生产、数据共享、通信协作等方面的突出效用让面向协同治理的多元主体联动体系构建及其治理效率提升成为可能”①。坚持多方协作理念关键在于突破制度上的障碍，通过制度上的创新，明确并规范政府的权力结构，妥善处理经济问题与意识形态问题之间的相互关系，培养具有自组织能力的多元主体，以实现网络技术治理目标的全面协同。在网络技术治理的多方主体合作理念中，第一，强调党和政府在网络技术治理中处于统领地位，拥有对网络技术治理较大的权力和影响力。“政府作为社会秩序的治理者，是超脱于个人和群体利益之上的公共利益的代言人，这是政府的天然属性。”②政府并非普通的参与者，它在诸多主体中居于主导地位。“中国政府面临着十分矛盾的处境：一方面必须努力追求信息技术的时代潮流，另一方面又要规避新技术带来的政治噪声；一方面乐意见到通过在线方式改进公共服务，另一方面又试图节制民众的热烈表达以及衍生而来的狂躁情绪。”③ 因此，各级政府要充分利用网络技术感知社会动态，可以通过对网络平台方进行约谈、惩罚等手段，快速消除网络上的负面消息，也可以引导广大网民在网络空间治理过程中树立协同意识，培养公共精

---

① 谢新洲，石林．基于互联网技术的网络内容治理发展逻辑探究［J］．北京大学学报（哲学社会科学版），2020（04）：135.

② 刘美萍．重大突发事件网络舆情协同治理机制构建研究［J］．求实，2022（05）：68.

③ 刘远亮．网络政治安全治理的网络技术之维［J］．中国矿业大学学报（社会科学版），2019（04）：10.

神。第二，要秉承开放、包容、共享的协同治理理念。可以通过合作教育方式，或者是基于信任与合作，与社会组织、互联网企业、网民共同构建出凸显不同功能、角色层次化的治理主体体系，达到治理效果。第三，多方协作的网络技术治理的重点要放在政府监督、行业管理、资本催化、传统媒体与新兴媒体深度融合、跨界协作、多元互动的网络空间建设。坚持科学布局，充分发挥各主体的资源优势，以互联网思维优化资源配置，同时也要加强各主体的合作、协调、竞争与博弈，实现网络技术治理协同性和一致性，进而促进网络空间的良好生态。

### （三）坚持源流兼顾理念

源流兼顾的治理理念，是指在对网络空间中信息的生产与传播源头进行管理的同时，还要密切关注网络空间中信息的流动性和扩散性，并通过运用网络技术来为网络空间治理提供技术支持与技术保障。源流兼顾治理理念首先是对网络空间治理各领域的信息进行全量归集、提前研判，从源头上避免危机产生。运用网络技术辅助网络内容深度挖掘面临的问题，具有极强的可操作性和实用性。网络空间中信息的“源头”是问题产生的首要环节，重视这一环节的问题治理，可以有效地提高网络技术治理的效率。除了“源头”治理外，信息在传播和流动中的其他环节也应当成为治理对象。以互联网舆情为例，传统媒体信息发布是被政府所垄断和操纵的，它的发布和影响力存在着一定的滞后性，而在网络技术的影响下，任何个体都能变成信息发布的开关，一条消息的传播与扩散通常只需几秒钟的时间，其所带来的影响与后果往往也是瞬时、同步出现的。因此，要推动网络技术研发和应用部署，实现数据流向可跟踪、数据源头可追溯，为数据安全保障提供一种行之有效的解决方法。还要对网络空间中信息在各个平台的分发、传播、二次扩散等环节进行多种手段的治理。重视大数据相关科技组织的发展，获得网络技术公司的支持，发现数据之间的关系以及背后隐藏规律性特点，实现对网站和言论背后的整顿，才能从根本上解决问题，并持续提升网络技术治理的针对性。另外，还要注意坚决不能“一刀切”，要针对不同的区域和文化背景来开展网络技术治理工作。虽然说互联网没有国界，但是它仍然有着自己民族和地域的特点，尤其是对那些有民族特点的网络平台，必须针对不同的情况，进行具体的处理，确保网络技术的正确方向。

## 二、以优良的网络技术治理消除安全隐患

面对日益复杂化、隐蔽化、长期化的网络安全风险，为了确保网络安全运行平稳，要快速推进网络服务建设，增强信息透明度；建立协同化的网络技术管理体系，提升应急处理能力；完善网络技术治理的法律法规体系，加强个人隐私保护，以优良的网络治理消除安全隐患。

### （一）快速推进网络服务建设，增强信息透明度

目前，网络政府建设进入全面提速期，为社会发展注入了新的活力，推动经济社会高质量发展，形成网络技术治理的新格局。网络基础设施指的是为社会和居民提供公共服务的网络工程设备或虚拟系统和资产，它是确保国家或地区的社会经济活动能够正常进行的公共信息服务体系。因此，建立高效、畅通的信息公开与共享机制，加速信息在政府、网络内容平台、行业协会和网民之间的共享共通，有利于提升网络技术治理的效能。第一，政府要利用网络技术持续推进信息和服务上网工作。建立健全政务公开推进机制，加强网络技术治理相关部门的政务公开，不断完善中央、地方各级政府部门官网和社交媒体渠道，对其进行合理的设置，使其能够及时、有效地向社会发布。通过构建大数据驱动的政务新机制、新平台、新渠道，转变政府门户网站发展方式，提高网络技术治理的服务性。第二，改进搜索引擎，增加政务公开的信息量。在谷歌、百度和搜狗等主流搜索引擎中，基于商业利润的考虑，大多数情况下，商业网站都会排在最前面，而政府类的网站则会排在最后。为此，政府应该和主流搜索引擎公司建立长期的合作关系，让政府

网络上的信息可视性得到充分的提升，从而提高政府类网站的知名度。让惠企惠民政策实现“直达快享”，促进审批信息公开透明。第三，全面推进“互联网+政务服务”技术为抓手的优化服务改革。“现实中政府需要切实转变消极的网络技术利用方式，积极利用多元化的网络技术手段促进社会转型发展中积累的深层社会矛盾和问题的解决，以避免诸种消极的网络技术运用导致的对社会利益表达诉求的排斥而造成的政治体系与社会之间的冲突。”① 建立网络内容平台违法违规行为台账管理制度和用户信用管理制度，详细记载平台所惩处的违法违规行为和违法不良网络内容，并对违法违规行为以及违法内容的区域分布情况进行详细的记录，同时组织网络技术专家利用人工智能技术对其进行标记与识别，提取共性特征，形成网络内容和网络行为的“红线”标准，形成“用数据对话、用数据决策、用数据服务、用数据创新”的现代化治理模式。

### （二）建立协同化的网络技术管理体系，提升应急处理能力

在网络空间治理中，由于网络技术的发展而导致信息交互模式不断发生改变，且产生的问题呈现出动态复杂的特点，对政府传统的监管思维和体制提出了新的挑战。在当前阶段，政府作为网络治理的主导力量，必须充分认识到网络空间治理过程中多元要素交织的高度复杂性和变动性特征，若仍沿用传统的管理方法，将不利于实现网络技术治理目的。为此，建立协同化的网络技术管理体系是对网络空间进行有效调控的重要措施，明确各种权力的行使界限，实现不同权力清晰、有序和稳定。第一，政府要着力推进行政监管体制改革，理顺各级政府及其职能部门职能关系，理顺各层级、各部门之间的职责，健全监察执法机制。网络技术是驱动当代政府治理变革的重要力量，因此，政府必须遵循分级监管的理念，对各类网络平台进行监管，对于互联网信息内容领域的

---

① 刘远亮．网络政治安全治理的网络技术之维［J］．中国矿业大学学报（社会科学版），2019（04）：11.

网络平台需要建立以网信办为主体的机构体系，对于电子商务领域平台规制则需以市场监督管理部门为主，对于网络接入等技术平台则要加强工信部门的领导，保证不同监管机构权责清晰。第二，根据网络空间的复杂性、交互性、跨界性等特点，要建立多部门协作、跨区域联动执法机制，运用网络技术在政府内部建立统一的监管执法信息共享和业务协作平台，推动治理资源共享，破除网络空间监管执法的部门与地域障碍，激发各个部门参与网络技术治理的积极性和能动性，督促各项方针政策得以贯彻落实。第三，提升多主体协同共治机制系统化水平。可利用先进技术创建全国统一的网络信息内容治理平台作为多主体共同参与治理的基础平台，"构建和畅通党和政府与网络平台、网络企业、网络行业组织、非政府组织、新闻媒体和网民等各类主体之间的对话交流机制，通过发挥政府作用，促进各类主体之间的有效互动，形成各类主体积极参与治理的协同共治格局"①，提升多主体协同共治机制体系的系统化水平，消除信息孤岛，充分释放各类主体独特的治理优势。

### （三）完善网络技术治理的法律法规体系，加强个人隐私保护

技术是网络空间得以形成的现实依托。随着网络技术的不断进步和广泛应用，它不仅改变了人们的思维方式和行为习惯，而且也改变了公共议题的发生机制和呈现方式，抽离了行为主体的在场确定性，这导致传统的法律制度难以有效地处理网络空间中出现的伦理道德失范问题。因此，我们需要完善网络技术治理的法律法规体系。完善网络技术治理的法律法规体系是推进网络空间治理法治化的基本前提。第一，加强和改进立法工作。进行综合性专门立法实践，研究制定《网络与技术法律》作为网络技术治理的专门法律，形成以《中华人民共和国网络安全法》为基础、专门法律为支撑、细分领域行政法规和部门规章为补充的网络技术治理规则体系，为网络技术治理提供坚实法律支撑。第

① 陈荣昌．网络信息内容治理法治化路径探析［J］．云南行政学院学报，2020（05）：53.

二，积极推进法律改革。遵循法治精神和基本原则，立足新时代发展要求，及时预判网络技术发展新态势带来的法律变革，加强对法律风险的预警和防范，并提前对相关技术变革问题进行法治解读，促进法律内容要求具体化、标准化。针对不同法律规定之间存在的内容冲突、矛盾以及衔接不畅等问题，可以在国家层面成立专门工作的小组，建立常态化法律内容审查机制，对不同层次、领域和部门的法律规定内容进行全面的梳理和整合，及时解决网络技术中的法律问题。第三，要借助网络技术实施精准的法律治理。由于网络空间中存在着大量碎片化的信息数据，利用传统的信息分析技术很难进行有效的数据挖掘、全面的信息把握以及精准的问题研判，从而使传统法律治理在网络空间实施乏力。运用网络技术实质在于对主体所制造的复杂信息进行宏观把握，从而为指向人的网络治理提供必要的数据支撑，减少治理的盲目性，提高治理的针对性。完善网络技术治理的法律法规体系，不仅在于对违法行为的事后惩治，更在于在行为规则、价值引导过程中使主体内生道德自律意识，降低网络主体实施违法违德行为的概率，加强个人隐私保护。

## 三、以精准的网络技术维护网络空间安全

网络信息技术是组建网络空间的基本要素，在网络空间发挥联动作用，促进其他要素的创造性转化，进一步衍生网络技术创新发展的需求，为网络技术治理提供基础保障。要推动网络技术产业的创新发展，完善网络核心技术人才的再培养模式，加深网络技术伦理道德的研究与讨论，以精准的网络技术维护网络空间安全。

### （一）推动网络技术产业的创新发展

“网络信息技术是全球研发投入最集中、创新最活跃、应用最广泛、辐射带动作用最大的技术创新领域，是全球技术创新的竞争高

地”①。因此，要推动网络技术产业的创新发展。第一，要积极加强自身的网络实力建设。支持和培养网络行业中的软硬件研发生产企业，特别是那些研发周期长、资金回收缓慢的核心电子设备、高端通用芯片和基础软件等产品，国家可以制定相关政策，为自主可控的产品提供更多的市场应用机会，从而实现技术创新、性能提升和产业应用的协同发展，并为新型互联网公司、科研机构等提供资金和政策支持。在引进新技术的同时，也鼓励国内企业“走出去”，增加海外投资或者通过收购国外的相关公司，不断增强中国网络行业的影响力。第二，积极推动网络安全防护技术的研究与开发，激励企业与科研机构合作，以实现网络技术在产学研方面的有效转化，从而在技术层面上提高信息技术安全管理的整体水平。为了保障国家在数据安全、信息安全以及网络主权，掌握大数据挖掘的关键技术是至关重要的。我们必须要坚持对数据安全技术进行创新，建立和完善云计算、物联网、移动互联网以及工业控制系统等新兴网络技术系统的自主防护和主动防护的技术标准和等级制度，并为其实施、分级、评估和管理提供完整的技术支撑。对数据库安全审计技术，如数据加密传输、网络攻击追踪和分布式访问控制等方面进行改进，以确保每一个数据节点都能获得绝对的安全保障。第三，严守数据管理技术规程。定期扫描安全漏洞，能够识别系统中防范比较薄弱的地方，然后对此地方进行加固防护，在对关键的核心数据文件进行加密保护后，还要严格遵循多人联合管理的规则，对数据库管理员的日常工作权限进行限制，以最大限度地保证数据库系统的稳定性和安全性。只有将网络技术产业定位为国家的长期发展策略，并由国家进行全面的规划和协调，同时为其提供坚实的法律和政策支撑，我们才能确保我国紧密跟随网络技术变革的全球趋势。

---

① 习近平．加快推进网络信息技术自主创新 朝着建设网络强国目标不懈努力［N］．人民日报，2016-10-10（01）．

## （二）完善网络核心技术人才的再培养模式

当前，新一轮的科学技术革命和产业变革正悄然兴起，国际竞争格局也随之改变。从技术创新与治理需求来看，网络技术人才是重中之重，而网络技术人才是保障网络安全、实现网络强国的根本所在。第一，健全网络空间人才引导机制和激励制度。首先，建立健全技术人才配比机制，引导技术创新型人才和安全维护型人才的合理配比。其次，“引入国际通行的工程教育认证标准，结合国情制定满足工业互联网人才培养需求的质量标准体系”①。最后，大力出台技术人才激励政策，不断提高工资薪酬、完善社会保障、健全奖惩晋升空间、保障科研服务，构建完备的绩效评估机制、合理的人才分类评价制度，充分调动其工作积极性。第二，优化人才培养教育体系。首先，大数据、云计算、数据分析、人工智能、物联网和智能制造等是互联网的主要技术组成部分，在各学科教育计划中全面纳入。同时制订灵活的培养方案，构建动态的课程体系，在教学内容和教学方法上进行创新，实现“跨界”培养网络技术人才。其次，高校引入更多的实践课程，打造实训平台和实践基地。深化高校与企业间合作与产学研结合，进一步提升学生知识转化为实践的能力。重新设计课程计划和个人培训计划，提高人才能力。最后，瞄准海外人才、远程工作人才及新兴市场的人才池，从而获得更广泛的人才库，并进行技术培训，构建全方位的人才培养体系。第三，注重复合型技术人才的培养。我国的安全人才队伍主要集中在计算机、通信等学科，侧重技术领域。全球网络空间安全不断呈现出新的议题，各国的安全政策与法律法规接连更新，亟须具有国家安全、国际政治、国际法等学科背景的人员专门研究。因此，既具备技术又了解该领域的“复合型”专家学者是人才队伍建设的关键。要发挥信息新技术的引领作用，深化物联网与多学科交叉和新科技的融合，培养复合型技术

① 叶春晓，朱正伟，李茂国．融合创新范式下的工业互联网人才培养研究［J］．高等工程教育研究，2018（05）：69.

人才。

### （三）加深网络技术伦理道德的研究与讨论

网络技术将我们转化为各种“可视性”和“透明性”的“数字人”，通过数据的持续挖掘与分析对我们进行“数据标注”，依赖于数据的统计来进行预测和反应用户偏好的个性化信息推送服务确实给人们提供了很大的便利，但是也引发了诸多的伦理问题。因此，我们要加深网络技术伦理道德的研究与讨论。对网络技术使用中发生的网络伦理问题，应该追究技术发明者和管理者的伦理责任。网络平台和相关企业都要充分考虑到在发展网络技术过程中需要遵守的道德准则和社会责任，坚持道德至上，要通过隐式或者显式的手段将伦理价值嵌入网络技术中，并及时发现和纠正潜在的违规行为。例如，侵犯到他人的个人隐私、言语上攻击、辱骂等泄愤行为。在恪守职业道德与信任伦理的基础上，不断提升自己的专业性。同时网络环境的复杂性提高了人们网络伦理道德意识培养的难度。我们也要清醒地认识到，过度依赖互联网技术会导致主体能动性的丧失，加剧“信息茧房”产生的可能性，陷入被大数据奴役的不自由状态。所以，我们应该要理性地运用网络技术，不要成为网络技术的盲目崇拜者。不仅要对网络技术进行革新和升级，针对性地提高自身的批判性思维和反思技能，而且要谨慎地看待网络技术对人类社会发展所产生的影响和价值。当前，一些网络技术公司正在开发和利用数据的确定性删除技术、数据发布匿名技术、大数据存储审计技术以及密文搜索技术来解决大数据的伦理问题。加深网络技术伦理道德的研究与讨论即建设自主性的网络社会责任伦理，可以有效提升网络社会行为主体的道德素养，引导广大网民在网上树立起良好的网络道德观念，并将其转化为道德行为，有利于加强网络治理，营造清朗的网络环境。

# 第三章

# 网络空间舆情治理

在全媒体的时代背景下，技术的发展正在重新组织与排列当前的社会行动、政治议程与外交博弈方式，网络空间舆情治理已经成为国家治理的重要组成部分。本章将从相关理论阐释、治理现状、治理困境等部分细致阐述网络舆情的治理问题，并根据当前出现的问题提出针对性建议和对策。

## 第一节　网络空间舆情治理的理论阐释

网络舆情是网络空间治理中至关重要的一环。在传播格局发生深刻变革和重塑的大背景下，网络空间舆情治理的相关研究是我们新时代建设平安中国和推进国家治理现代化的必然要求。

### 一、网络舆情治理的内涵

网络舆情治理是本章的核心概念，也是网络空间治理中重要的组成部分。只有将这一概念深入挖掘，理解其背后的文本发展历程，梳理网络舆情治理的理论意蕴，才能对网络舆情治理工作形成精准的定位。

#### （一）网络舆情

在中国古代的文献中，“舆”本意为车厢，在实际的运用中也可被理解为“众”，即一般的民众。“舆情”一词历史悠久，是我国传统民本思想的产物，首次出现在《旧唐书》中。据记载，唐昭宗在诏书中指出，“朕采于群议，询彼舆情，有冀小康，遂登大用”。自此，“舆情”一词的出现频率逐渐增加，多数将其理解为“民众的情绪或民众的意愿”①。随着新媒体技术的普及，舆情的传播有了新的媒介。传统的现实舆情存在于大众的思想观念和日常的民众交谈中，一般通过社会走访和民意调查等方式开展，但这两类舆情并不容易获取，需要耗费巨大的人力和时间成本②。对于网络舆情的内涵，诸多学者有不同的观点。王来华认为网络舆情是民众受中介性社会事项刺激后对国家管理者产生的社会政治态度③。总体来看，网络舆情是以互联网为媒介，以社会事件为核心，通过不同的传播主体对社会问题产生的态度、情绪和意见的总和。网络舆情有自身的发展过程和特点，是一个比较持续的周期性过程。它的发展阶段包括潜伏期、激发期、扩散期和消退期四个时期④。网络舆情的过程性、自由性、交互性、实时性、广泛性、匿名性、突发性、偏差性等特征也使每个人可以成为网络信息的表达者和供应者，自由抒发自己的观点。各种立场观点的相互碰撞使得互联网成为某些网民宣泄情绪的场所，甚至产生了诸多虚假信息和不良信息。

### （二）网络舆情治理

治理的实质是“引导”，最终目的是“善治”，是政府与公民对公共生活实现合作管理而形成的最佳状态。⑤ 网络舆情治理是一个复合概念，是“网络舆情”和“治理”的整合。网络舆情是所有网络平台上

① 刘毅．网络舆情研究概论［M］．天津：天津人民出版社，2007：5.

② 张爱凤．网络舆情中的文化政治［J］．新闻与传播研究，2017（02）：51.

③ 王来华．论网络舆情与舆论的转换及其影响［J］．天津社会科学，2008（04）：66.

④ 张子荣．突发公共事件网络舆情的形成机制及应对策略［J］．思想理论教育导刊，2021（05）：132-134.

⑤ 俞可平．治理和善治：一种新的政治分析框架［J］．南京社会科学，2001（09）：42.

的行动者在网络空间公开且自发表达自己意见的总和，例如线上主体对于某些话题的转发、点赞、评论等都属于网络舆情的表达行为。同样，在行为举措层面，治理与管理、管制等词语在方式和手段上有一定程度的共同性，都是具有规则约束的目的性行动。但在行为实现的方式上，治理体现着不同主体间的沟通与配合，是可以协商的非强制性手段；管理和管制都采用强制手段或强制力量开展活动。结合当前我国多元主体协作的网络舆情治理模式，网络舆情治理在狭义上可以被看作由政府、社会组织、媒体、网民等多元主体针对网络舆情治理问题主动开展的具有目的性的干预行为。在广义上，网络舆情治理还涉及在相关领域对国家与社会关系进行调整。总之，网络舆情治理就是社会系统中的多元治理主体对网络舆情系统开展主观干预的行为和手段，是对网络舆情内容及活动带有目的性的主动双向干预，能预防集体行动事件的发生，进而消除造成现实社会不稳定的隐患，其核心是保持社会风险防控与激活网络主体活力的平衡。①

网络舆情治理是网络空间治理的重要组成部分，也是一个系统的过程，包含主体、客体、治理方法等诸多方面。根据网络舆情治理的概念，可以得知网络舆情治理的主体是多元的，包括参与或者主导网络舆情治理行为的政府、社会组织、媒体、网民等。但多元主体的协同治理仍旧在舆情的监控、应对治理等层面存在各种不足。比如当前火热的短视频平台中就存在着依靠“擦边”“卖惨”博取关注的账号内容，这种视频的发布可能引发的舆情问题也是治理主体需要预先审核把关的重点内容。此外，网络舆情治理的客体为网络舆情事件本身，包括网络群体性事件、突发社会事件等②，是引发网络舆情的本体。网络舆情的治理需要界定舆情事件的性质，登记舆情信息的各种具体情况，也是开展舆

① 张权．网络舆情治理象限：由总体目标到参照标准［J］．武汉大学学报（哲学社会科学版），2019（02）：175.

② 刘岩芳，齐春萌．网络舆情治理的主体、客体和方法分析［J］．传媒观察，2020（09）：73.

情监管工作、分析研判、应对处置的基础。最后，舆情治理的载体是网络空间，不仅包含传统的媒体，也包括自媒体等新兴的传播媒介。针对网络舆情的治理，诸多学者在政府的身份转换、主体协同治理体系的构建、主流媒体的引导、网民素质的提升等方面进行论述。在治理方面，有些学者提出“柔性治理”“生态治理”等说法，将网络舆情治理的结构和手段与当前的实际结合，促进治理结构、方法和举措上更为合理。

## 二、网络舆情治理的内容

网络舆情治理涉及的主体众多，不同的主体所发挥的作用也有所区别。通过分析不同主体的地位和作用来对网络舆情治理开展分类更便于了解多元主体协同合作模式下网络舆情治理的本质和内容。

### （一）政府主导的网络舆情治理

政府网络舆情治理主要是指政府各级机构和工作人员运用整合多种舆情工具和数据在网络舆情发展的各阶段对其进行预防、监管和整治，从而引导网络舆情与主流意识相符合，将负面影响消除或者降至最低。以我国为例，政府的各项职能部门是我国网络舆情治理的主要组成部分，诸多网络舆情治理事件的处理都会涉及国务院、地方政府、司法机关、监察机关等部门的工作。其中直接参与网络舆情管理工作的政府部门包括工信部、文化和旅游部、教育部、国务院法制办等，主要处理信息层面上的网络舆情问题。2011 年 5 月成立的中华人民共和国国家互联网信息办公室是我国专门的互联网信息管理部门，主要负责落实互联网信息传播方针政策和推动互联网信息传播法制建设，指导、协调、督促有关部门加强互联网信息内容管理，依法查处违法违规网站等工作。2018 年 3 月，我国设立中央网络安全和信息化委员会办公室，将国家计算机网络与信息安全管理中心由工业和信息化部管理调整为由中央网络安全和信息化委员会办公室管理。非直接参与网络舆情管理的政府部门主要是以各地政府网站和政务新媒体为载体打造网上政府。当前我国政府大力推动以数字政府助力治理现代化和政府网站集约化建设，推动线上与线下相结合，共同发挥政府的独特组织优势与领导优势。

### （二）高校引导的网络舆情治理

高校网络舆情最初是指高校师生在校园网中对校园内涉及大学生学习、生活甚至社会热点的问题产生的社会态度和意见。全媒体时代，互联网已经成为大学师生们了解信息和参与交流的主要途径，校内网逐步退出舞台，高校舆情的公共性和交互性进一步加强。传统的高校舆情环境中治理主体主要是高校中的管理者，师生作为参与主体缺乏有效的反馈机制，伴随着网络技术的进步，老师和学生，甚至是社会人士都可以直接参与到高校舆情问题的讨论之中。其中高校的管理者可以借助官方的平台第一时间发布信息，回应真实情况，解答师生疑问；处在学校场域的师生可以通过网络平台及时向学校反映自身诉求，甚至引发社会的热议；其他热心的社会人士，可以在公共平台了解事件的始末，表达自己的观点和看法。在当前高校网络舆情传播过程中，文字、图片、视频等形式与微博、微信、抖音、小红书、B 站等平台已实现高度耦合，一个社会热议话题可以通过多个平台同时推广，而作为这类社交媒体用户主力军的大学生们更容易受到各类不良思想观点的侵蚀。目前高校在网络舆情治理上都十分注重工作机制和规章制度的制定，也形成了高素质的舆情工作队伍，包括高校思想政治教育心理咨询师、辅导员、相关职能部门人员、专业教师、学生干部等多层次结构人员①。虽然不同高校之间舆情治理的程度和能力不同，但总体上都对改善网络文化环境、保护学生们的健康成长起到了促进作用。

### （三）企业参与的网络舆情治理

企业是我国网络舆情治理中不断壮大发展的主体，其网络舆情问题主要涉及员工、客户、投资者、供应商等群体。通常企业的危机事件是

① 李庆波，邵晶．高校网络舆情管理现状与提升［J］．人民论坛，2014（20）：153.

指出现突发事件、灾难、事故、丑闻或其他负面事件，对企业造成重大的财务、声誉或合规风险的情况。这类舆情事件不仅会对企业的经济状况造成危害，还会对其市场地位、品牌形象和声誉造成破坏。互联网的出现使人人手里都有麦克风，公众参与舆情讨论更加自由，致使舆论场域更为复杂。2023 年 4 月 20 日的宝马“冰激凌”事件、6 月 7 日中石油的“牵手门”事件……纵观几次企业舆情事件，传播过程中的每一个节点都可能被直接发酵成大规模的热点事件，网络场域给企业的舆情治理带来了前所未有的挑战。一旦企业没有及时处理舆情问题，就会导致民众的信任危机。目前，大部分企业都没有把舆情信息工作纳为重要的工作考核目标，甚至没有设置专门的舆情管理部门或机构。以 2023 年 5 月 22 日国泰航空的“毛毯门”事件为例，面对巨大的舆论压力，即使他们选择一天连发 3 条声明，并将涉事员工解聘，但是由于声明内容不诚恳且没有回应关键问题，依旧受到了新华网等官方媒体的发声和人民大众的指责。网络舆情治理一定程度上关乎一个企业的生死存亡，企业要加强对日常网络舆情的监管和预测，做到事前、事中、事后的全流程覆盖，建设一套常态化运转的网络舆情应对制度体系迫在眉睫。

### （四）媒体融合的网络舆情治理

媒体是我国开展舆情引导的主力军，主要包括当前流行的社交媒体、主流媒体与兼具互联网公司性质的市场化媒体。媒体组织主要是通过内容生产方式引导舆论发展，同时凭借自身的业务优势，承担为政府部门提供舆情报告的职责。以我国的党媒为例，自 2003 年起，新华网便开始为政府有关部门提供舆情报告，2006 年人民日报社所属的有关机构开始探索网络舆情研究，并在两年后正式成立人民网舆情监测室。近年来，舆论生态发生深刻变化，主流媒体的“舆论主场”发展为众多主体参与的“舆论广场”，国内主流媒体的“独奏曲”变为国际媒体的“大合唱”，主流媒体面临更多复杂挑战。除了官方媒体，与民众接触更多的社交媒体已经呈现一种新型链式传播形态。不同的社交媒体因其特色的互动特点具有独特的功能，比如微信和QQ是借助人际关系形成的信息交流圈群，微博、抖音等是通过评论、转发、私信等产品功能构筑的辐射效应。总体来看，仍旧是一种网状链式结构，每个个体都可以自由表达自己的意见，但也无法避免出现意见相悖的情形，一旦传播的范围扩大，就会从个人的小事发展为群体间的议论热点。社交媒体的网络舆情治理主要通过制定用户规则、实时监测并处理不合规账号、以"意见领袖"引导正确走向等方式应对日常舆情事件。

（五）社会组织和民众自发的网络舆情治理

社会组织和民众是我国网络舆情治理中重要的参与力量。一方面，社会组织是以社会公众力量为基础，遵循组织章程、法律法规和国家的相关政策，致力于繁荣社会事业、提供公共服务、开展公共管理业务的社会力量。[①] 伴随着网络技术的发展，网络社会组织出现。网络社会组织是以互联网为平台，拥有共同价值判断和利益诉求的网络成员为参与者，在一定规则下自愿构成的自我管理、开展各种公益互益活动的非政府社会组织。[②] 网络社会组织主要包括已在民政部门登记注册的网络社团、基金会、社会服务机构，以及并未注册但符合组织特点的基层组织。社会组织在网络舆情治理中的角色不同于政府和企业，主要作为政府的参谋参与各项舆情治理工作，可以借助自身的力量为政府进行治理策略谋划、协助政府开展治理活动等工作。它的构成人群来自基层，与社会公众联系密切，在治理中有显著优势。另一方面，社会公众是我国网络舆情治理中数量最多、涉猎领域最广的主体参与者。社会公众在网络舆情事件中呈现"非均衡参与"结构，主要包含三类网民群体：一是以利益相关群体为核心；二是以具有影响力的意见领袖为焦点；三是

---

① 张玉亮，杨英甲．社会组织参与突发事件网络舆情治理的角色、功能及制度实现［J］．现代情报，2018（12）：27.

② 刘美萍．网络社会组织参与网络空间治理的价值、困境及破解［J］．云南社会科学，2020（03）：129.

围观的普通民众，这类群体深受前两类群体的影响。虽然社会公众贯穿治理过程始终，但在不同阶段的网络舆情治理中的角色也有所区别。比如，网络舆情的产生来自社会公众公开或非公开的社会心理、情绪和态度；网络舆情的传播中社会公众主要负责舆论监管和行动参与；网络舆情的消散主要来自社会公众民意的平息。

### 三、网络舆情治理的方式

在2013年的建设平安中国重要指示中，习近平总书记首次提出"四个治理"。党的十八届三中全会通过的《中共中央关于全面深化改革若干重大问题的决定》正式提出"四个治理"原则，即坚持系统治理、依法治理、综合治理和源头治理，"四个治理"内容丰富，体现着政府主导与多方参与结合，科学精神与人文关怀的有机结合，为维护最广大人民的利益，创新网络治理和社会治理方式指明了方向和路径。

#### （一）系统治理

系统治理强调多元社会治理主体的协同合作，主要指以党委为领导核心、发挥政府的服务功能，由社会组织和居民联合参与的协同治理体系。网络舆情的系统治理方式具有诸多特点，一方面吸收和借鉴了国外的社会治理理论和规则体系，注重和鼓励社会各层面主体的参与，致力于实现政府治理、社会调节与居民自治的有机统一；另一方面与我国国情相结合，注重发挥党总揽全局、协调各方的领导核心作用，加强政府在治理上的主导作用，是"世界眼光"与"中国特色"的有机统一。[1]网络舆情的系统治理不是要政府拉开与民众、社会接触的距离，而是要求每个主体都要明确自身的分工和职责。党的二十大报告中指出要

① 郑杭生，邵占鹏. 牢牢把握"四个治理"原则［N］. 人民日报，2014-03-02（05）.

“健全共建共治共享的社会治理制度”[①]，建构网络舆情治理体系是解决舆情治理主体关系的主要方式。这就对治理方式提出了从以政府管理为主转变为多主体合作共治的要求，党委、政府、企业、社会组织、人民群众等要在治理实践中找准定位。同时要对党的政治领导力、思想引领力、群众组织力、社会号召力进行强化，构建起党政部门正面主导、主流媒体主动响应、相关专家理性发声、社会组织和公民积极参与的多元主体协同的结构体系。

### （二）依法治理

依法治理是指网络舆情的各方主体根据自身的职责和义务，通过合法合规的治理手段和程序，科学立法、严格执法、公正司法、全民守法，并坚持用法治思维和法治方式化解社会矛盾冲突、凝聚社会共识、提供网络社会的发展活力。网络舆情的依法治理方式强调社会治理的有法可依、有法必依，明确了网络社会治理的依据和手段。网络舆情治理的法律法规主要涉及言论自由与信息发布的平衡、保护公民隐私、维护社会和谐稳定等重要内容。“消极网络舆情的扩散，不但有悖法治语境下的理性行为模式，而且强烈冲击着社会的基本价值观念和伦理道德底线。”[②] 作为处理网络舆情各方主体关系的重要手段，网络舆情治理需要有法律作为支撑和依据，各方主体的行为也需要符合法律的要求，没有人可以拥有超越法律的特权。对于网民来说，网络空间为他们表达自身权益提供了广阔平台，但也需要承担遵纪守法的责任和义务。对于网络平台自身而言，需要严格遵守法律法规，规范信息的传播和自身的运营渠道，加强对个人信息的保护力度，借助网络舆情治理体制和法律法规约束参与主体的行为，净化网络空间。综上所述，网络舆情的依法治

---

① 习近平．高举中国特色社会主义伟大旗帜 为全面建设社会主义现代化国家而团结奋斗——在中国共产党第二十次全国代表大会上的报告［M］．北京：人民出版社，2022：54.

② 杨蓉．网络舆情不良社会心态分析与治理［J］．学术探索，2017（02）：78.

理在保障个人权益、维护社会秩序和营造风清气正的网络生态环境等方面发挥着重要作用。各方主体要加强联系和合作，共同应对网络舆论面临的挑战，推动网络舆论管理不断完善。

### （三）综合治理

综合治理是指运用多种治理手段，发挥各种方式的合力共同促进网络舆情的治理。习近平总书记曾指出："要提高网络综合治理能力，形成党委领导、政府管理、企业履责、社会监督、网民自律等多主体参与，经济、法律、技术等多种手段相结合的综合治网格局。"① 这里的治理方式不仅包括运用法律、制度等强制性的方式，还包括运用媒介技术、思想道德教育等人性化的措施。道德手段作为一种非强制性的方式，在处理国家、集体、社会、公民之间关系的过程中发挥着重大作用。只有法律、制度等"硬治理"和道德约束等"软治理"结合治理的方式才能达到网络空间的"善治"。网络舆情的综合治理方式是一个系统工程，需要从政策、法律、技术、道德等多种角度思考，才能实现对网络舆情的综合管控和预防。因此，开展网络舆情治理工作一方面要强化技术应用，运用大数据挖掘系统、大数据分析和监测等工具快速处理大量信息，实现对网络舆情的提前预测、实时监察、精准报告；另一方面要实现对网络舆情各个阶段的正确引导，尤其对重大突发事件，网络舆情治理要分应急通报、持续回应、舆论导控、善后处理、形象重塑五个阶段开展。通过各方的支持和努力，网络舆情的传播渠道逐步发展成为重要的思想文化交流平台，也让网络成为真正的信息共享平台和公共服务平台。

### （四）源头治理

源头治理是指从事件的起源出发探讨治理的方式，强调提前发现、

---

① 张晓松，朱基钗．敏锐抓住信息化发展历史机遇 自主创新推进网络强国建设［N］．人民日报，2018-04-22（01）．

提前预防，将风险遏制在萌芽阶段；还强调要以人民为中心，更多关注民生问题和社会的公平正义，充分展现了“以人为本”的治理理念。传统的治理模式偏重用严格的法律制度规范和约束行为活动，注重对舆情事件的末端治理。政治学家戴维·奥斯本和特德·盖布勒指出，政府管理的主要目的就是“使用少量钱预防，而不是花大量钱治疗”①。源头治理明确了治理的次序，注重把工作重心从治标转向治本，借助建立风险防控体系对网络舆情的事前和事中情况进行监督和预测，从根源上遏制舆情的大规模扩散。源头治理包含三个重点内容，即以改善民生为重点，强调基本公共服务均等化，注重制度安排的公平正义。源头治理的重点是以人为本，这种治理方式的目的是减轻民众话语权的疏忽和民众利益的缺失问题。源头治理需要落实好各方主体的责任，形成政府主导、社会协同、行业推进和个人参与的多方主体协同共治的网络舆情监管体系。风险潜伏期作为风险监测的关键时期，企业、政府等主体要及时回应舆论事件，正确引导网络舆情的发展方向，减少负面影响。

## 第二节　网络空间舆情治理的现状

网络舆情具有正向功能和负向功能，对网络舆情进行科学治理是平安中国建设的重要议题。近年来，我国网络舆情治理已经取得了一定效果，但是由于网络舆情具有复发性、敏感性、复杂性等特征，这就加大了网络舆情治理难度，目前网络舆情治理仍旧面临挑战。

### 一、网络空间舆情治理的工作实效

2003 年的孙志刚案件成为“网络舆论年”的标志性事件，自此揭

① 戴维·奥斯本，特德·盖布勒．改革政府［M］．上海市政协编译组，东方编译所，等译．上海：上海译文出版社，1996：218.

开了我国网络舆情治理的序幕，网络舆情管理机构的相继成立也为我国的舆情治理提供更坚实的技术和数据支撑，为我国的舆情监管增加更多渠道，推进网络空间治理更上一层楼。

## （一）关于网络舆情治理的重要论述

2013年8月19日，习近平总书记在全国宣传思想工作会议上提出，开展宣传思想工作必须“坚持巩固壮大主流思想舆论”“关键是要提高质量和水平，把握好时、度、效，增强吸引力和感染力。”① 2014年2月27日，在中央网络安全和信息化领导小组第一次会议上，他指出“做好网上舆论工作是一项长期任务”，要“把握好网上舆论引导的时、度、效，使网络空间清朗起来”②。2016年2月19日，习近平总书记在党的新闻舆论工作座谈会上，用“五个事关”揭示了做好党的新闻舆论工作的重要性，创新性地提出党的新闻舆论工作的职责、使命、根本原则、基本方针等内容，并强调开展党的新闻舆论工作要坚持党性原则，坚持正确舆论导向，加大创新力度以及人才队伍建设。2019年1月25日，在十九届中央政治局第十二次集体学习时，他指出“推动媒体融合发展，要做大做强主流舆论”③，并针对媒体融合发展提出诸多举措。2019年10月31日，党的十九届四中全会做出的《中共中央关于坚持和完善中国特色社会主义制度、推进国家治理体系和治理能力现代化若干重大问题的决定》指出，要完善坚持正确导向的舆论引导工作机制。2021年5月31日，在十九届中央政治局第三十次集体学习时的讲话，他强调要加强对外传播工作，进一步提升国际话语权和影响力，有效开展国际间舆论引导和舆论斗争。2022年10月16日，习近平

① 倪光辉．胸怀大局把握大势着眼大事 努力把宣传思想工作做得更好［N］．人民日报，2013-08-21（01）．

② 总体布局统筹各方创新发展 努力把我国建设成为网络强国［N］．人民日报，2014-02-28（01）．

③ 推动媒体融合向纵深发展 巩固全党全国人民共同思想基础［N］．人民日报，2019-01-26（01）．

总书记在党的二十大报告中强调要“加强全媒体传播体系建设，塑造主流舆论新格局”①。2023 年 7 月 15 日，他对网络安全和信息化工作做出重要指示，指出“党的十八大以来，网络空间主流思想舆论巩固壮大”②。2023 年 10 月 8 日，习近平总书记对宣传思想文化工作做出重要指示，强调“着力提升新闻舆论传播力引导力影响力公信力”③。总之，网络舆情工作始终都是党和国家工作的重点内容，当前舆情更多的是从网络舆论场扩散到全社会中，假设不加以引导极易引发重大舆情事件。可见，网络舆论引导工作是事关治国理政、安邦定国的重要工作。

### （二）网络舆情治理的现有实践成果

正值世界百年未有之大变局和中华民族伟大复兴的战略全局交汇之际，面对新时代的时代特点和国际局势，以习近平同志为核心的党中央从完善治理架构、建构体制机制、加大技术创新三个方面开展了一系列的网络舆情治理工作。

第一，网络舆情治理架构不断完善。1994 年，中国全功能接入国际互联网，并在政府的鼓励、支持下，网络媒体迅速发展，直到 1997 年国务院新闻办公室、外文局主办的中国网和人民日报社主办的人民网正式开通，中国对外宣传的渠道越来越丰富。为加强对网络文化工作的宣传和管理，我国在 2011 年成立国家互联网信息办公室，负责落实互联网信息传播方针政策和推动互联网信息传播法制建设等工作。2014 年中央成立了以习近平总书记担任组长的中央网络安全和信息化领导小组，按照中央的部署加强机构设置。2018 年机构设置进一步调整，国

① 习近平．高举中国特色社会主义伟大旗帜 为全面建设社会主义现代化国家而团结奋斗——在中国共产党第二十次全国代表大会上的报告［M］．北京：人民出版社，2022：44.

② 徐隽．深入贯彻党中央关于网络强国的重要思想 大力推动网信事业高质量发展［N］．人民日报，2023-07-16（01）.

③ 张烁．坚定文化自信秉持开放包容坚持守正创新 为全面建设社会主义现代化国家全面推进中华民族伟大复兴提供坚强思想保证强大精神力量有利文化条件［N］．人民日报，2023-10-09（01）.

家互联网信息办公室与中央网络安全和信息化委员会办公室，变为一个机构两块牌子，都列入中共中央直属机构序列。机构设置的不断改革进一步优化了职能的管理和程序的科学性，为网络空间的舆情治理奠定坚实的程序基础和安全保障。

第二，网络舆情制度设计不断巩固。2015 年《党委（党组）意识形态工作责任制实施办法》的颁布，是第一次以党内法规的形式对意识形态工作责任制做出制度规定。目前我国基本形成了以宪法为根本，以法律、行政法规、部门规章和地方性法规、地方政府规章为依托，以传统立法为基础，以网络内容建设与管理、网络安全和信息化等网络专门立法为主干的网络法律体系，为网络舆情治理提供了坚实的制度保障。① 2016 年我国正式颁布了《中华人民共和国网络安全法》，在法律层级上还包括《全国人民代表大会常务委员会关于维护互联网安全的决定》《全国人民代表大会常务委员会关于加强网络信息保护的决定》。在行政法规上同网络舆情治理相关的主要包括《互联网信息服务管理办法》《信息网络传播权保护条例》等。部门规章主要包括《互联网文化管理暂行规定》《网络信息内容生态治理规定》等。除了以上条文外，我国还拥有涉及各领域的规范性文件，伴随着网络空间发展带来的众多治理挑战，整个法律体系也在不断完善。

第三，先进网络技术的广泛应用。随着信息技术的发展，越来越多的政府机构和企事业单位加强对网络舆情的监管。当前对外开展网络舆情监测服务的机构已经有上千家。② 截至 2023 年 4 月底，我国已累计建成 5G 基站超过 273 万个，5G 网络覆盖所有的地级市。大数据、人工智能、区块链等广泛应用于网络舆情的综合治理当中，并在网络舆情监测分析系统中彰显显著优势。大数据技术已经实现对网络舆情的实时监测

① 中华人民共和国国务院新闻办公室．《新时代的中国网络法治建设》白皮书（全文）[EB/OL]．新华网，2023-03-16.

② 王张．我国网络舆情服务业发展实践与反思——一个基于 2235 条中标公告的观察[J]．情报杂志，2019（07）：129.

预警、精准分析研判甚至对网络舆情传播演化机制的研究。人工智能可以通过自然语言处理技术、机器学习技术、图像识别技术对网络舆情数据进行特征挖掘和全天候监管。近年来，区块链技术也开始被应用到寻求舆情来源、预测发展趋势、建立预警机制等方面。多种信息技术开发和应用到网络舆情中，为网络空间的生态治理和维护网络安全提供了技术保障。

### （三）当前中国的网络舆情治理机制

互联网已经走过了将近30年的历程，网络媒介的发展为中国民众和政府等主体提供了获取信息、表达利益诉求和进行政治参与的崭新渠道，中国网络舆情治理也形成了具有中国特色的诸多特点。从宏观层面上看，当前我国的网络舆情治理主要表现为党领导下的多方治理主体架构、以行政法规为主体的治理规制体系架构、适应技术和压力变化而渐进性调整的治理模式。

第一，在治理主体构成上，我国呈现为中国共产党领导下的多方主体治理架构。互联网刚进入中国时，我国还处于邮电部、电子部、信息办和中国科学院四个部门并驾齐驱的状态；1998年后政府将邮电部和电子部合并为信息产业部，成为当时互联网产业的主管部门，但在互联网产业的管理上，众多部门之间仍然是交叉管理的状态；伴随网络媒体的进一步发展，我国进入web 2.0时代，互联网发展到国新办主导的“九龙治水”相对成熟阶段，此时国务院新闻办、中宣部、新闻出版总署、广电总局、公安部等八部委的交叉管理仍然存在；2011年中华人民共和国国家互联网信息办公室成立，这是我国互联网管理层面最高的权力部门。2018年国家互联网信息办公室与中央网络安全和信息化委员会办公室，一个机构两块牌子，列入中共中央直属机构序列。这一时期我国互联网多头管理的原始状态得到一定程度的整合，我国发展到以网信办主导的“九龙治水”阶段。[①]

第二，在治理规则上，我国形成了以行政法规为主体的规制体系架构。胡正荣、李继东指出，“我们的意识形态认为媒介是党、政府和人民的喉舌”，“‘党管媒介不能变’的信条从建国初一直延续至今。”[②]全国人大到国务院及各有关部委、最高人民法院等国家机构始终高度重视网络舆情治理法治化的建设工作。网络舆情涉及的主体法律是2016年颁布的《中华人民共和国网络安全法》，这是我国第一部全面规范网络空间安全管理方面问题的基础性法律，进一步明确了网络舆情涉及的治理要求和责任分工。《中华人民共和国数据安全法》《中华人民共和国个人信息保护法》相继颁布，移动互联网领域的法律治理逐渐有据可循。2017年后国家网信办相继发布《互联网新闻信息服务管理规定》《互联网信息内容管理行政执法程序规定》，规制互联网新闻信息服务的许可、运行、监督检查、法律责任等工作，完善了网络舆情治理的法律制度框架。

第三，在治理模式上，我国是适应技术和压力变化而渐进性调整的制度体系。根据以往的舆情治理经验，可以发现，我国的网络舆情治理通常采用“以规制网”的方式。网络信息的海量和繁杂致使网络舆情呈现动态性和突发性的特点，网络技术赋能舆情治理的能力也在进一步提升，我国的网络舆情治理制度就变为一种阶段性的治理意图，即一种伴随技术和时代发展在已有的制度和规制上逐步完善的制度体系。初期我们党和国家注重对网络基础性法规的完善和构建，随着各类网站、BBS论坛等网络媒体的出现，我国加大了对网络媒介的监管力度。随着2014年中央网络安全和信息化领导小组成立和国家互联网信息办公室的重组，我国的舆情治理逐渐上升至顶层设计层面，治理方式和治理手

① 方兴东．中国互联网治理模式的演进与创新——兼论“九龙治水”模式作为互联网治理制度的重要意义［J］．人民论坛·学术前沿，2016（06）：69-71.

② 胡正荣，李继东．我国媒介规制变迁的制度困境及其意识形态根源［J］．新闻大学，2005（01）：3-8.

段更加法治化、规范化。网络媒介的发展导致电视、纸媒等传统媒体在信息传播方面占有率大大下降，微博、微信、抖音、新闻客户端成为很多中国人了解时事政治和社会热点的主要渠道。国家鼓励新媒体与传统媒体的融合，加强主流媒体的建设，进一步引导网络舆情正向发展。可见，在网络技术演进、网络舆论压力变化和政府治理意图变化的背景下，我国网络舆情治理机制和制度的建设和完善具有“渐进式”的演进特征。

## 二、网络空间舆情治理的现实挑战

网络舆情是当前表达民意和汇聚共识的重要渠道，但也会导致信息失真、网络谣言频发、舆论情绪化、群体极化等问题，增加网络安全治理的难度。当前我国互联网技术不断扩展民众活动的虚拟场域，新媒体平台为民众提供了各式各样的表达渠道，但在具体实践中，网络舆情治理仍然存在主体分散化、过程碎片化、传播模糊化等困境。

### （一）主体分散性弱化治理合力

媒介技术的快速发展使传统媒体线性舆情管控的模式被重新构建，各类商业化媒体、自媒体和意见领袖等新兴的参与主体成为舆情信息传播的“扩音器”。全民参与信息传播的潮流使网络舆情治理出现了治理模式向多元主体转变的趋势，但主体结构和机制的不完善所带来的分散化困境也消解了治理的有序性和整体性，严重影响着网络空间治理的长久运作。

第一，治理主体结构和机制不完善。当前我国网络舆情治理体系中的各项主体长期处于各行其是的分散状态，政府、媒体、社会组织和网民等主体之间缺乏联系与合作，在角色分工和运作机制上缺少规范化机制的调节，政府以外的主体由于自身力量的局限性，难以形成足够的力量抵御较大的舆情风险。一旦遇到突发情况和重大舆论事件时，各主体之间还容易出现衔接不通畅、治理失效等情况。此外，制度的失灵也会阻碍主体间的协同治理。除政府以外的治理主体参与正在由自发走向自觉，尤其是公民这一参与主体。两方的合作不仅需要政府对公众等参与主体传达信任，而且还需要强制性的制度规范。多方治理主体的参与需要制度的赋能以保障行为的延续性，尤其是当个人利益与集体利益出现矛盾和冲突时，强制性的规范是有力的协调举措①。通过规范其他参与主体的权利、范畴和参与程度，不仅能提升公众参与的针对性，还可以减轻政府对其他主体的过度依赖，让治理的过程更加合理有序。

第二，治理主体受多重行为逻辑支配。网络舆情会受到社会系统中不同主体的干预，一方是政府以及部分具有官方背景的非政府组织的抑制力量，比如网络接入服务商、域名注册管理机构、网络信息服务商等主体对某些发表不当言论的账号进行删帖、封号、禁言等行为；另一方是新闻媒体、不同平台的自媒体、意见领袖甚至境外敌对势力等促进力量。网络舆情系统的自我调节与来自社会系统主体的外部干预共同决定网络舆情如何演化。② 然而，在现实运行过程中，政府难以完全掌握网络舆情系统自我调节的规律，网络舆情发展的方向和程度会随着主体间的互动而发生动态变化；外部干预力量构成成分复杂，工作上有一定程度的独立性和主观偏向性，导致其真实意图难以掌控，影响着政府命令和政策实施的高效运转，两种干预成分为网络舆情治理成效带来极大的不确定性。由于社交媒体内部交流等非公开的干预形式也普遍存在，种种难题都影响着网络舆情主体治理发挥作用。

第三，治理主体间的利益博弈加剧冲突。这种利益间的博弈主要表现为三个方面：一是社会结构的分化引发舆情主体的分化。社会结构的转型主要表现为社会阶层结构的分化与重组，网民便是现实社会中的个人在虚拟空间的角色转化。个体由于知识储备、社会经历和自身素养的

---

① 张世昌．大数据时代网络舆情治理中公众参与的困境与完善［J］．新疆社会科学，2023（01）：134.

② 张权，燕继荣．中国网络舆情治理的系统分析与善治路径［J］．中国行政管理，2018（09）：22.

差异导致网民之间的网络话语权和影响力有所区别，政府、企业以及一些社会组织也可以以网络群体或个体的形式参与网络舆情治理。社会阶层的多元化也带来了网络舆情参与主体的多元化。二是网络舆情的优势主体引导网络舆情方向的变动[①]，当前我国中等收入群体的比重持续增加，已经成为网络舆论场中的优势主体和主导力量，但由于网络舆情议题大多与社会民生相关，偏向于维护低层群体的利益，中等收入群体并不能主导网络议程设置，只能推动网络舆情的发展方向。三是局部的利益冲突会造成网络舆情的价值危机。网络舆情的争议点集中在社会转型过程中出现的偏差和脱节现象。随着社会利益格局的变动，网络舆情参与主体的利益冲突也日渐突出，尤其是涉及经济利益和政治权利层面的问题，网民也难免会站在自身角度探讨利益实现最大化的问题，从而忽略其他网民的利益诉求，加剧网络舆情治理的复杂性。

### （二）过程碎片化消解管理实效

网络技术的拓展，网络社会的民粹化趋势，以及一些地方性的思想工作的虚化、弱化和程式化，使得网络上的碎片化舆情逐步占领了社会舆情的主导地位，甚至形成了碎片化的网络民意将主流意识形态“牵着走”的乱象。随着治理主体“去中心化”特征的加剧，网络舆情治理过程呈现出“碎片化”的特征，主要表现在治理逻辑、治理理念和治理资源三个方面。

第一，治理逻辑尚未跨越传统思维。对于负责互联网治理的政府部门而言，其任务就是维护网络空间的风朗气清。政府的公信力表现在两个方面：一是政府在公共治理上的成果和业绩；二是政府在信息传播和沟通互动上的运行机制和行为。目前部分政府舆情治理部门仍存在治理实践的滞后性和治理手段的强制性等问题。面对出现的舆情问题直接采取“围堵”和“管制”的简单方式，并在事后予以处理。还有部分官

---

① 曾润喜，陈创．基于非传统安全视角的网络舆情演化机理与智慧治理方略［J］．现代情报，2018（11）：11.

员仍存在"官本位"的错误思想，惯用"命令性"和"强制性"的方式封锁信息的传播，从而使舆情的势头冷却。"强制性"的治理方式也表现为出于维稳社会秩序而加强对网络舆情的监控和对强硬手段的管制，进而阻碍网络舆论公共空间的形成。① 如何从"刚性治理"转变为"柔性治理"，减少因信息沟通不畅、强力压制产生的舆情事件，是开展网络舆情治理必须面对的重要议题。

第二，治理理念的碎片化。网络治理理念的碎片化有多种表现。一是多元主体理念难以协调，在治理方式和治理目标上难以统一。因自身利益的差异，不同的主体在治理理念的选择上难以达成一致。比如党政机关在治理中偏重公共利益的协调，社会组织和网民则偏重个人利益的维护。不同主体在治理理念上的碎片化极易引发治理主体间行动的不协调。二是治理理念陈旧，难以适应时代发展。面对网络舆情，不少政府部门、高校和社会组织往往缺乏系统性思维，将其视为独立事件，忽视舆情发展的"叠加效应"。某些基层干部的治理观念还停留在过去传统的走访式调研，缺乏互联网技术能力和创新变革的危机意识。三是治理理念偏差，错误倾向突显。随着大数据技术为代表的智能技术的革新，网络舆情治理能力在信息数据的支撑下迅速提升，但由于不同主体对技术掌握的程度有差异，部分政府部门出现了"重技术，轻规律"的情况。② 以大数据技术为例，其运转主要依靠海量数据的共享，但不同治理主体在数据存储、内容协同等环节上各成体系，导致某些数据无法互联互通。这种"信息孤岛"情况在一定程度上限制着网络舆情治理的范围和深度，增加了数据分析的偏差。

第三，治理资源的碎片化。一是治理资源分散。网络舆情信息资源的检测、搜集和传播由不同的部门分工合作，由于职能的不同和互动的

① 刘泾．新媒体时代政府网络舆情治理模式创新研究［J］．情报科学，2018（12）：68.

② 李彪，高琳轩．大数据背景下舆情治理的智能转向：现状、风险与对策［J］．中国编辑，2023（05）：8.

不充分，治理主体迅速获取信息的难度较大。[①] 当前社交媒体上存在海量资源，但信息的传播往往是片段的形式，不完整的信息就会产生恶意的曲解和各种赚取流量的“标题党”。不同的主体在治理资源分散化上的表现也有差异。当多方主体的互动难以沟通和衔接时，网络舆情治理需要获取的信息资源整合遇到困境，极易导致社会矛盾的加剧。二是治理资源脱节。以高校为例，学校与二级学院的舆情治理部门之间也存在信息上的脱节现象，两方的宣传渠道和舆情治理队伍不同，就会导致信息资源接收存在差异，有时高校并不能及时具体了解二级学院舆情发展的情况，影响高校舆情回应的速度和公正性。三是部分政府和社会组织的部门之间缺少针对性的制度资源，当前的舆情应对机制只充当应对流程，并未上升为顶层设计，甚至舆情治理的协作、整合机制都尚未形成具体规章制度。

### （三）传播模糊化威胁治理生态

“后真相”时代，人们对于舆情背后的真相态度产生变化，更偏重于对信息情感层面的关注，更多受到人的立场、利益、情绪的影响。网络媒介的发展超越了原有的时空的限制和话语叙事，达成了海量信息的全方位流动。单一的新闻点扩散为众多信息源，进而出现更多新的关注点，致使这些信息本身的含义变得更加模糊，从而削弱了网民对虚假信息的辨别能力。模糊化传播面对不同的主体会产生不同的影响，突出表现在媒介数字化扩大谣言传播广度、媒体秒级响应淡化信息源头和民众情绪化表达带偏舆情走向三个方面。

第一，媒介数字化扩大谣言传播广度。一是当前网络舆论场日益开放复杂。数字技术的发展推动以“两微一抖”为代表的新媒体强势兴起，成为民众间交流的主要平台。这一特点突出表现在高校舆情层面。

---

① 崔彦琨，蒋建华．高校舆情治理碎片化：表现、归因及破解之道［J］．黑龙江高教研究，2021（10）：9.

目前校园网已逐渐退出高校舞台中央，高校的网络舆情场逐渐发展为公共舆论场，高校以外的群体也可以自由表达对高校内部事件的看法和意见。在舆情参与主体上，高校网络舆情的主体已不局限于高校内部的人员，网络媒介为高校外部的网民、组织、企业等群体都提供了可以自由表达自身观点的平台。但由于参与主体存在个体差异性，对信息真伪的辨识也不尽相同，进而在一定程度上加大了谣言传播的力度。二是网络的虚拟性加大了非理性情绪的传播。后真相时代部分群众的理性让位于情感，某些民众会借用社交媒体，借助“呼吁理性”散发负面情绪，以“政策问责”加剧官民冲突，实质上是想博取多数人的关注来获取利益。网络平台的半匿名特征也造就了大量的网络“水军”，通过恶意诽谤、“扣帽子”等方式对他人进行人身攻击。同时，网络监管的不完善使部分网民忽视社会规则的约束，容易产生网络暴力等不当行为。

第二，媒体秒级响应淡化信息源头。在传统的媒介传播中，网络舆情等信息传播的渠道单一，主要掌握在部分专业人士手中，舆论的大规模发酵需要一定的传播时间。新媒体的出现打破了表面上的和谐局面，每个人都拥有了自由表达的平台和权利，舆情的大规模发散只需要少数意见领袖和自媒体的协同运作，治理主体往往陷入被动的局面。一方面，网络信息源头存在模糊性特点。自媒体迅速发展导致信息的传播媒介越发丰富，每个人都成了信息传播的节点。网络信源的模糊性表现在信息内容没有明确的来源标注，编造并不存在的信息，发布没有权威认证的信息内容等。① 多媒体平台的文章中经常写有“据说”“网传”这类模糊信息源头的语言，借助抖音、微信、微博等平台开展大肆传播，就会使谣言的波及范围进一步扩大，甚至一定程度上损害民众对政府的信任。另一方面，网络舆情发展方向存在模糊化趋向。由于舆情爆发具有直接性、突发性，部分网络舆情的议题生成是个体自发的结果，其他

① 王凯丽，陈树文．网络舆情环境下大学生政治认同探析［J］．思想教育研究，2020（02）：121.

主体难以及时辨明其真实性，这可以直接导致舆情信息的模糊化。网络舆情从产生到扩散都离不开网络技术的发展。当前社交媒体已经成为舆情爆发的主要载体，但由于网络中节点众多，强弱节点都具有引导舆情走向的可能性。哪怕某个舆情已经爆发，依然可以产生次生舆情，使次生舆情的走向和发生时间难以精准把控。

第三，民众情绪化表达带偏舆情走向。情感的产生主要是受社会现实的情境刺激和内在道德机制的约束引发的双重作用。在一些热点舆情事件中，碎片化的视频和图像会使民众产生不同的情感体验，致使人们“习惯性地按照内化的文本不假思索地参与行动”①。新媒体带来的影像画面会以极具视觉表现的方式刺激公众的情感，当呈现内容与人们的传统认知产生偏差时，人们就会在愤怒情绪的引导下达成观点上的共识。网络舆情的泛政治化会引发极端的情绪宣泄。在一些重大突发事件中，自媒体中某些用户运用影射等方式诱导网民联想，借助政治谣言对政府部门和组织进行诽谤，从而引发网民们的恐慌和仇恨等负面情绪。可见，网络舆情的泛政治化思想本质上就是某些公众个人极端化情绪宣泄在政治层面的写照。

## 第三节 网络空间舆情治理的路径选择

当前我国正处于中华民族伟大复兴的战略全局和世界百年未有之大变局的时代背景下，国内外矛盾风险交织存在。习近平总书记指出：“做好网上舆论工作是一项长期任务”，要“把握好网上舆论引导的时、度、效，使网络空间清朗起来”②。网络舆情治理面对社会现状的剧变，其演化机制也随之更迭。因此，如何有效地应对网络舆情，已成为互联

① 冯仕政．西方社会运动理论研究［M］．北京：中国人民大学出版社，2013：311.

② 习近平谈治国理政［M］．北京：外文出版社，2014：198.

网时代的一项重大任务。

## 一、强化主体协同，健全网络舆情综合治理体系

"协同"的概念最早由伊戈尔·安索夫引入管理学。20世纪70年代，德国物理学家赫尔曼·哈肯创建"协同学"。协同治理理论由联合国全球治理委员会正式提出，将其定义为"个人、公共或私人机构管理其共同事务的各种方式的总和，在这个过程中，相互冲突的不同利益主体得以调和并采取联合行动"①。它强调不同的主体拥有不同的治理资源，也具有不同的利益和需求，治理的方式、范围和目标有所差异。因此，只有充分发挥各主体的资源和技术优势，加强主体之间的合作与协调，才能促进网络空间的有序发展。

### （一）明确党领导下的多元主体治理架构

公权力主导的多中心治理和一元主导、多元共存的管理格局的形成是强化网络主流意识形态安全的必然要求。鼓励活跃的公民、社会组织、企业等主体参与到网络舆情多元治理体系中能够将政府的资源和各个主体的优势都充分利用起来，从而保证治理的有效性。

第一，坚持一元主导与多元中心相契合。当前社会中大部分舆论场既是多中心的，也是多元的。但公权力主导的治理对主流舆论的引导和社会安全的维护发挥着至关重要的作用。政府要加强与网络平台合作，通过定期发布的舆情分析报告，让群众看到他们的舆论引导方法和效果，让他们了解自身所遵循的法律法规，减少对自己的个人安全和隐私的担忧，从而能够有效地应对公共权力在控制网络上的道德风险。在网络舆情治理的过程中，政府可以通过法定的方式控制舆情引导的目标，建立信息产业的自律机制，同时，还可以将网络舆情的监测、评估和治理工作交给具有技术和数据等优势的第三方，从而更加便捷地解决网络

① Commission on Governance. Our Global Neighborhood: The Report of The Commission on Global Governance [M]. Oxford: Oxford University Press, 1995.

舆情的有效性问题。

第二，优化多中心舆论场实现舆论制衡。[①] 多中心舆论场是一种不以人的意愿为转移的客观现实，与互联网紧密相关，是社会发展过程中分层性表征的结果。以“自治”为核心的多中心型舆论自治，在减少治理成本、自我净化舆论、自觉营造清朗的网络舆论空间等方面，比其他治理更具优势。同时，公共政治舆论与次生政治舆论都具有多元多中心的特点，次生政治舆论的多元制衡也可以防止单一次生政治舆论爆发难以预料的舆情风险。政府应加强网络次生政治舆论场的供给侧结构性改革，强化主流意识形态的核心地位，加快舆论净化机制的建设。借助多中心舆论场的对抗与制衡，实现舆论生态平衡。

第三，强化治理行动主体联动共治机制。在数字赋能网络舆情发展的时代，只有明确多元主体在实践场域中的位置，才能实现多元主体的联动共治。因此，要整合优化多方主体的数据资源和人力资源，推动形成“政府统一指挥、有关部门上下联动、资源数据平等共享、舆情发生反应迅速”的中国特色网络舆情治理机制。[②] 同时要利用现代技术打破以往各部门的单一分散局面，形成多方协作的治理组织机构，实现治理技术和数据资源的高效共享。基于技术驱动的协同治理要求政府对相关的机构数据进行集成，并将其以一个统一的格式进行共享，从而在部门间、城市与乡村、城市与城市间进行大数据的共享，建立起一种能够进行协同治理的应急体系，为突发事件、舆情爆发时的全面治理创造良好的环境。

### （二）建立舆情应急处置和动态监管机制

随着互联网的广泛应用和社交媒体的蓬勃发展，网络舆情已经成为

① 张爱军，秦小琪．网络时代“后真相”次生政治舆论的双重功能及其平衡策略[J]．探索，2018（03）：93.

② 郑光梁，王宇豪．大数据视域下网络舆情治理的范式转换与对策［J］．中共天津市委党校学报，2022（04）：71.

影响政府及个体形象的重要因素。如果不能及时有效地处理突发网络舆情，将会给政府、企业或者个人的形象与权益带来极大的危害。网络舆情作为社情民意的表达与延伸，不仅需要主体培养协作治理能力，还需要将治理程序上升到顶层设计，建立全过程的舆情工作机制。

第一，完善舆情监测和预警机制。一是要构建舆情信息收集机制。由于网络上民意表达的自由，个体的情绪化表达极易感染到其他网民对舆情事件的态度，因此要加大对文本和对文本背后社会情绪的变动趋势的检测，建立语料库或设置情感词典开展网络情绪信息分析。二是要注意舆情数据库和舆情危机事件案例库的建立，借助爬虫等技术加强对主流媒体、门户网站、社交平台等浏览量较大的平台数据的获取和监测，按照危机事件的类别分类整合资源，为舆情预警提供重要的参考指标。三要建立网络舆情分级预警机制。建立全方位、多层次的舆情信息监测和报告机制，并根据舆情的波及范围和影响程度可以划分为“极度危险—紧急”“较危险—紧急”“危险—紧急”“不危险—紧急”四个等级①，按照爆发程度的不同设定预警应对方案，同时深入线下群众的实际生活，对重点区域和重点关注人群重点调查，通过舆情跟踪、实地走访等方式综合研判风险。

第二，完善网络舆情引导机制。一是要对网民情绪加以引导。后真相时代人们的理性被情感裹挟，猎奇心理也受到新媒介中繁杂的信息刺激，从而引发网民们的“逆反心理”，严重影响着真相的传播和澄清效率的提升。因此，在网络舆情的引导上要注意沟通的话术和方式，切忌采用强制性的手段直接“一刀切”。二是主动为网络舆情提供新议题。主流媒体或政府要主动结合语境设置可控的议题，有效引导网络舆情的方向逐步与主流意识相适应，消解群众的负面情绪，引导舆论走向理性。三是坚持疏堵结合提升治理成效。对网络谣言要堵塞传播渠道，借

---

① 白志华．新媒体时代的网络舆情风险治理——以社会燃烧理论为分析框架［J］．河南社会科学，2022（04）：106.

助“意见领袖”和有较大影响力的自媒体用户及时发表真相，依托主流媒体开展报道和宣讲，从而引导舆情发展回到正轨。

第三，构建网络舆情信息资源共享机制。我们国家的舆情信息工作经费投入还远远达不到总体治理需求，资金短缺，设备落后，又缺少必要的工具，都阻碍了舆情工作顺利进行。因此，要提高治理主体对网络舆情信息资源共享的理念认知。一方面可以通过开展宣讲和培训等方式帮助部分工作人员转变传统理念，另一方面可以加强不同部门之间的沟通和协作，提高不同部门工作间的联系性，让他们在实际中体验到资源共享带来的便捷性。同时，还可建立网络舆情信息资源共享的激励机制，加大资金投入力度。建立经济补偿机制，对资源共享中产生重大效益的负责人予以鼓励，或者通过奖评等非物质方式推动工作的开展。此外，加强资源共享工作中的经费补贴和技术补贴，也为保障舆情信息资源共享工作有序开展提供经济保障。

### （三）完善德法兼备的舆情治理规则体系

法律法规的稳定性和公开性有助于增强网络舆情传播主体对公共利益实现的信心，规范各类舆情治理主体的行为界限和角色定位的法律法规也保障了网络舆情治理内部的协调性和有序性。

第一，健全网络舆情治理法规体系。各级立法机关和具有立法权的行政机关要继续完善有关法律法规，以此来保障网民信息权利和公众的言论自由权利，缓和民众与政府之间的潜在矛盾。法律法规的完善并不仅仅需要新增更多方面的规定，还需要对已有的不适应发展的规定进行废除或者修改，这就需要政府参照各方法律专家和民众的意见，定期开展法律的清理工作，减少当前相关规定与现实情况不协调的问题。同时，要结合网络舆情治理机制开展制度化建设，以法律法规的形式明确公权力、社交平台、网民等主体的权利和责任，尤其是要明确政府部门在网络舆情治理中的权力边界，“缩小公共权力在网络舆情治理过程中因规则缺失存在的越权、擅权的空间”[1]。

第二，打造德法兼备的规制体系。法治和德治是开展国家治理中不可分离的两种手段，单一的强制性法律法规可以有效地约束各方主体的行为，但民意不能仅从强制性层面分析，还要考虑其中蕴含的柔性的道德风险。正如方兴东所言，“与立法规制和政府监管相比，自律机制是一种成本较低、效果较好的有力工具”[2]。构建德法兼备的网络综合治理体系就要将道德原则引入由于法律不完善引发的管理不到位的舆情实践中，推动社会主义核心价值观融入网络舆情的治理，对于违反社会主义核心价值观要求的不当网络言论予以惩治，营造良好的网络信息生态空间。同时还要将某些价值观要求上升到法治制度层面。由于当前网络上仍然存在一些表面上喊着“爱国口号”，背地进行违法、失德的网络行为，这就需要有关部门根据身份认证对其提出警告或者更高程度的处罚，从而规范网络上的爱国行为。

第三，加大相关法律法规的宣传力度。网络舆情治理实质上是对网络文化传播的正向引导和网络空间秩序的维护。网络文化的形成并非完全自发，依然需要网民在实践中真正认同法律背后的价值，培养良好的法治思维，用实际行动规范和约束自己的行为。一是要加强网络法治教育。重点要突出对理性网络发言的倡导，借助主流新媒体平台对法治知识开展宣讲。并结合最新技术更新法治教育话语，提升教育的灵动性与可接受性。二是要提升法治话语介入和议题设置能力。政府要把握法治话语主导权，及时介入社会热点议题的设置，在主流媒体和“网络大V”“意见领袖”等主体的协助下，借助法治精神引领议题讨论，消解非理性表达和不良价值观念造成的负面影响，逐渐在舆情事件中培养网民应对突发事件的法治思维习惯。

---

① 王立峰，韩建力．网络舆情治理的风险与应对策略探析［J］．西南民族大学学报（人文社科版），2019（03）：144.

② 方兴东，石现升，等．微信传播机制与治理问题研究［J］．现代传播（中国传媒大学学报），2013（06）：127.

## 二、转换治理理念，突破传统模式下的路径依赖

新时代，网络空间治理要突破由上到下的传统管理模式，实现由“管理”到“治理”，转变传统被动的舆情治理逻辑，提升网络舆情危机应对策略的回应能力，加强网络舆情管理队伍建设。

### （一）转变传统被动的舆情治理逻辑

转变传统的被动舆情治理逻辑需要坚持“群众议程”至上的治理思维，建立分段精准的网络舆情治理技术系统，以及设置精准的网络舆情治理目标与计划。这将使政府和组织能够更好地应对网络舆情挑战，维护社会稳定，保护公共利益，以及提高治理效能。

第一，坚持“群众议程”至上的治理思维。在互联网时代，信息传播更加分散和民主化，公众在舆情话题上具有更大的话语权。因此，需要坚持“群众议程”至上的治理思维，将公众的需求和关注放在首位，利用社交媒体、在线调查和其他工具，积极监听公众的意见和需求。通过使用专门的监测工具，可以识别出与组织或政府相关的关键词和标签，以及与这些关键词相关的讨论，这有助于及早察觉到公众的关切点。一方面，要定期进行在线调查，广泛征求公众的意见和建议，这些调查可以针对特定问题，也可以是定期的舆情调查，确保调查问题清晰、简洁，并积极与公众互动，鼓励他们参与决策过程。另一方面，可以举办公众听证会、座谈会和在线讨论，以收集意见和建议。政府和组织也应该共享数据，让公众能够更好地理解问题和参与讨论。透明的数据可以帮助建立信任和合作，向公众提供关于舆情问题的教育和信息，帮助他们更好地理解复杂的问题，做出明智的决策。①

第二，建立分段精准的网络舆情治理技术。系统网络舆情治理需要更加精细的技术工具和系统，以更好地应对不同类型的舆情问题。一是

① 张丽红．试析网络舆情对网络民主的影响［J］．天津社会科学，2007（03）：61.

建立先进的数据分析工具，以监测网络舆情，了解信息传播趋势和公众情感，这有助于及早发现问题并采取措施。采用情感分析技术，以了解公众情感如何受舆情问题影响，这可以帮助政府和组织更好地调整他们的回应策略。二是建立内容管理和过滤系统，以减少虚假信息和有害内容的传播，这有助于维护网络空间的安全性和稳定性。加强网络安全措施，以防止网络攻击和数据泄漏。同时，建立完备的危机管理系统，以处理网络舆情危机。

第三，设置精准的网络舆情治理目标与计划。传统的舆情治理通常是零散的、临时的应对措施。为了实现有效的舆情治理，需要设置明确的目标和计划，确保治理工作有条不紊地进行。政府和组织应该制定长期的网络舆情治理战略，明确目标、优先事项和时间表。要利用数据来指导决策，分析舆情数据可以帮助政府和组织更好地理解问题，并制定更有针对性的策略。也要促进政府、行业、社会组织和企业之间的合作，共同解决网络舆情问题，协同努力可以更好地应对跨界问题，同时定期评估治理计划的效果，并根据反馈进行调整，也有助于不断改进治理策略。

### （二）提升网络舆情危机应对策略的回应能力

提升网络舆情危机应对策略的回应能力需要建立平等开放的交流互动平台，注重政务舆情回应与危机情景的适配，以及注重回应过程中公众的情绪反馈与调节。通过采取这些措施，政府、企业和组织可以更好地管理网络舆情危机，从而更好地应对当今复杂和不断变化的传播环境。

第一，构建平等开放的交流互动平台。政府和组织应当保持高度的透明度，这意味着不仅要主动分享信息，还要积极回应公众的需求，以减少不确定性和谣言的传播，这种透明度不仅仅是信息的传递，还包括与公众的互动。政府和组织应当积极参与社交媒体和在线论坛，与公众建立双向互动，这种互动方式要比单向传达信息更为有效。通过积极回应公众的问题和疑虑，政府和组织可以提供更多的信息，澄清误解，并传达自己的立场和承诺，从而更好地控制舆情。① 因此，政府和组织应该把透明度和互动作为关键策略，以应对网络舆情危机，还要建立专门渠道，鼓励公众提供反馈，收集意见和建议，这可以帮助及早发现潜在的问题，提前应对危机，利用先进的数据分析工具来监测网络舆情，了解公众情感和关注点，从而及时发现危机的苗头。

第二，注重政务舆情回应与危机情景的适配。不同类型的危机需要不同的应对策略。因此，政府和组织应该根据具体情景来调整他们的回应策略，拥有明确的网络舆情危机预案是至关重要的。这些预案应该根据不同情景制定，包括自然灾害、公共安全事件、声誉损害等，预案中应包括清晰的责任分工和决策流程，政府和组织应该定期进行模拟演练，以确保团队熟悉危机管理流程，还要培训成员们如何处理危机，包括如何有效地与媒体和公众沟通。同时，在网络舆情危机中，时间是关键。政府和组织应该能够快速做出反应，以控制信息的传播和公众的情感。这需要建立值班团队，雇用专业的危机沟通团队，因为他们拥有处理敏感问题和舆情危机的经验，这些专家可以提供宝贵的建议和指导。②

第三，注重回应过程中公众的情绪反馈与调节。在处理网络舆情危机时，不仅要关注信息的传播，还要关注公众的情感反应。政府和组织应该认真倾听公众的声音，理解他们的担忧和情感反应，从而建立信任和共鸣。在危机中，公众的情感可能会非常高涨，政府和组织应该采取措施来冷静公众情绪，避免情感升级。为受影响的个人和社区提供危机心理支持服务，这有助于减轻危机对个体的心理影响，一旦危机得到控制，政府和组织应该积极参与修复工作，恢复公众信任。这可以包括道

---

① 王慧军，石岩，胡明礼，等．舆情热度的最优监控问题研究［J］．情报杂志，2012（01）：72.

② 王来华．论网络舆情与舆论的转换及其影响［J］．天津社会科学，2008（04）：69.

歉、赔偿和改进措施。

### （三）加强网络舆情管理队伍建设

强化网络舆情管理队伍的建设是应对当今复杂网络舆情环境的重要一步。这需要领导层的支持和领导力，持续的培训和发展，以及优化的日常管理机制。通过这些举措，政府、企业和组织可以更好地管理网络舆情，保护声誉，维护公共信任，以及更好地应对舆情挑战。

第一，强化网络舆情管理工作队伍领导。网络舆情管理工作队伍的领导层至关重要。领导层应具备领导力、专业知识和战略思维，以有效应对舆情危机。一是要了解危机管理的原则和方法，能够有效应对危机情况，最大限度地减少危机对组织的负面影响，同时熟悉公共关系战略的制定和实施，能够借助公共关系手段有效地传递信息、管理声誉，维护良好的公众关系。面对复杂多变的情况，负责人需要具备高度的决策能力。他们应该能够快速做出明智决策，分析情况并选择最适合的行动方案。这种能力是舆情危机管理中至关重要的，决策的质量直接影响危机的发展和处理结果。① 二是要为领导层提供持续的培训和发展机会，以跟踪最新的舆情管理趋势和最佳实践。负责人应制定长期的网络舆情管理战略，明确目标、优先事项和策略。要看到大局，做出战略性的决策，同时具备危机管理的经验，能够冷静应对压力，有效地处理危急情况。

第二，加大舆情管理工作队伍的培训力度。网络舆情管理工作队伍的培训是提高整体舆情管理能力的关键。一是提供网络舆情管理的基础培训，包括舆情监测、危机管理、公共关系和社交媒体技巧。这有助于建立团队的基本知识和技能。二是鼓励队伍成员进行不断学习和自我提升，参加相关研讨会、短期课程和在线培训。保持更新对于跟踪迅速发展的舆情领域至关重要，还要定期进行危机管理模拟演练，以帮助团队

---

① 曾润喜．我国网络舆情研究与发展现状分析［J］．图书馆学研究，2009（08）：4.

成员磨炼应对危机的能力，提高应变水平，培训团队协作技巧，以确保舆情管理团队能够紧密协作，高效应对危机情况。

第三，优化网络舆情工作管理日常机制。网络舆情管理的日常机制是确保工作高效运行的关键。建立清晰的工作流程，包括舆情监测、信息搜集、数据分析、信息发布等环节。这有助于确保工作有序进行。一是明确每个团队成员的职责，确保每个人都清楚自己的任务。这有助于避免混乱和信息丢失，建立信息共享机制，确保团队成员之间能够快速共享重要信息，协同应对舆情挑战。二是定期监测舆情管理工作的进展，收集反馈，以不断改进工作机制和流程，利用先进的技术工具，如舆情监测软件和数据分析工具，以提高工作效率。

## 三、规范传播秩序，提升媒介素养和社会责任感

新媒体时代，迅速、高效地获得媒体信息资源，并积极参与和应用媒体是公众的一项重要媒介素质。为了避免舆情治理陷入困境，就需要发挥技术媒介、主流媒体和网民的力量，从自身展开对网络舆情应对素养的培育，展现各主体应对治理的社会责任感。

### （一）发挥传播媒介的正向形塑与引导作用

互联网时代促进了民众之间交流的圈子化，包括微博、微信、抖音、快手等在内的媒介平台的出现，成为圈群化的有力支撑。圈群化也会引发群体极化、信息茧房等诸多舆情问题，因此，要充分发挥技术手段，支撑媒介的传播朝着正确的方向运行。

第一，借助技术实现最大程度的知识普及。互联网技术的发展正介入网络舆情的建构过程，借助社交媒体平台、自动化机器人和大数据算法等技术，网络言论的声量在一定程度上得以提高。但这也会引发诸多隐患。假设以利益驱动的机器人进入话语系统，公共领域的弱势群体的声量就会被进一步弱化，非理性、情绪化的言论甚至有可能操纵公共舆情走势。此外，由于个体所在的阶层和社交关系存在一定差异，不同群

体所处的圈子表现出一种内部的同质性，导致同样的谣言也更容易在圈子内部传播，这就需要借助技术的力量开展信息与知识普及，让媒介的进步带动人们的思维观念转变。

第二，利用多方传播平台和主体回应真相。网络信息的传播需要借助传播平台的技术和专业主体的影响力。这类专业媒体平台主要是指主流媒体 APP、门户网站，以及依靠网络圈群发展的社交媒体平台、短视频平台和一些兴趣论坛等。开展全平台的舆情回应和澄清有利于实现真相信息的全覆盖。另外，部分专业主体的力量也不能忽视，需要发动更多相关专业人士参与到舆情事件的解读和引导中，借助社会资源为舆情的正向引导提供帮助。比如新冠疫情期间出现的“回形针”“春雨医生”“三甲传真”等网络大 V 和公众号一直在为社会公众科普正确的医学理念，在突发事件下主动为某些热点辟谣，维稳社会公众的情绪。

第三，建立多元网络圈子“协同进步”的耦合机制。当前网络传播圈群的水平参差不齐，不同圈子之间还存在圈群区隔与破圈互动的情形，同时，这种带有趣缘性的圈子自身带有一定的封闭性，网络舆情在圈子内的传播也为网络谣言的扩散提供了“培养皿”。打破这一冲突就需要建立圈子之间共同进步的耦合机制，即在尊重不同圈子建立规则及成员关系与权益，尊重成员之间的客观差异与信息传播自由的基础上，尽可能地通过多种手段建构认同。[①] 用媒介素养较高的圈子引领素养较低的圈子，用专业化的圈子引领非专业化的圈子，相互联系，共同促进整个社会素养的大幅度提升。借助多元主体的联合作用将圈子之间的壁垒打破，通过甄别、引导、破除壁垒、建构认同致使谣言最终被破解，用真相代替谣言，重构网络圈子的话语生态。

### （二）巩固主流媒体的话语权和责任担当

网络媒介平台是网络舆情形成和发酵的场所，它自身作为言论表达

---

① 陈华明，刘效禹．动员、信任与破解：网络谣言的圈子化传播逻辑研究［J］．现代传播（中国传媒大学学报），2020（10）：62.

的中介可以将私人的情绪转换为公共的情感，同时其自身的议题和议程设置属性又可以直接影响网络舆情发展的方向。媒体作为网络舆情中重要的治理主体和利益相关者，其未来的发展走势深刻影响着网络舆情的治理成效。

第一，坚持正确的政治方向和价值判断。党的新闻媒介既是党的“喉舌”，又是其实现自己政治目的的工作机构。党的十八大以来，党中央出台了诸多促进媒体融合发展的政策性文件，都强调主流媒体要将坚持正确的舆论导向摆在首位。这就要求主流媒体尤其是党媒，要发挥好自身的权威地位优势，及时发布优质、真实可靠的信息内容，构建线上线下的同心圆。同时，还要主动承担网络谣言的“粉碎机”功能，直面复杂的舆论斗争形势，将关注的重点放到人民群众密切关注的问题上，引领新闻舆论议题的设置，占据不同群体舆论斗争的制高点，尽最大努力粉碎各种虚假信息，推动和扩大主流价值的影响力。

第二，提升主流媒体的内容生产核心竞争力。当前海量信息泛滥，但有效的优质内容却十分欠缺。主流媒体能不能留住观众，主要还是看内容的权威性和准确性。因此，主流媒体还需要继续保持政治定力和内容定力，推动内容生产供给侧结构性改革，推动内容的高质量发展，不断强化自身内容生产的绝对优势。同时，要将媒体的发展与时代结合，生产更多有品质、有格调的作品，寻找有影响力的人物宣传和推广，从而形成新的增长点和竞争力。此外，要密切联系群众，开展线上线下的调查研究，生产更多民众感兴趣的内容，满足民众们的多方面需求。并将民众的需求与内容的供给结合，开展精准化、个性化内容定制渠道，深刻把握网络舆情传播的规律，在网络舆情治理中发挥引导者的作用，进而缓解突发事件引发的民众恐慌。

第三，打造网络舆情治理的媒体融合互通模式。一方面要推动“新媒体+传统媒体”的融合模式发展。这不仅要树立融合媒体的先进理念，推动主流思想的传播，还要加强政府部门、传媒公司与媒体的沟通交流，利用传统的媒介传播方式将权威信息第一时间传递给民众，并结合官方网站、官方微博、官方抖音账号等新媒体平台及时发布官方的信息。另一方面要推动政府与媒介的互通融合。“政府为媒介传播提供了平台和可能，媒介为政府发声增加了传播介质和传播效果。”① 对于不当言论和负面的舆论，需要政府部门增强与媒体沟通交流的能力，建设服务型政府，让媒体真正成为民众的传声筒。主流媒体也应该建立多媒体的联动机制，积极向公众传播政府的真实面貌，主动承担起政府与公众沟通了解的桥梁作用，形成政府、媒体、公众的良性互动，进一步优化网络空间文明建设。

### （三）提升社会公众的媒介素养和伦理道德

在网络舆论战中，民众的主权意识得到增强，他们通过媒体了解信息、参与表达、组织动员等方式，对自己的身份认同进行了主动的强化与塑造。然而，西方媒体恶意散播阴谋论和假消息，将诸多不实言论传播到国际舆论场，严重影响了网民尤其是青少年的正确价值观的塑造。

第一，推进媒介素养教育体系设计和落地。自媒体的发展壮大了我国网络主体参与话语表达的渠道，民众的网络话语权逐步从“自在”向“自为”转变，这就要求加强对媒介素养的提升。网络媒介素养的提升除了自身层面的能力的培养外，还需要政府加强顶层设计，针对不同的主体实施分众化的教育举措，并增加网络媒体的立法和执法能力。媒介教育按照不同年龄阶段开展不同的教育模式，比如，处于小学阶段的群体要逐步培养学习媒介素养知识的能力，初中阶段需要具备媒介素养知识的理解与辨别能力，高中阶段应具备独立辨别网络信息是非的能力，大学阶段应该具备网络信息资源的批判与分析能力。可见，对于媒介素养教育体系的构建要从全局性角度出发，设计专业化的配套性方案。

---

① 郑光梁，王宇豪．大数据视域下网络舆情治理的范式转换与对策［J］．中共天津市委党校学报，2022（04）：71.

第二，构建多元主体参与的媒介素养体系。在开展媒介素养教育活动时，必须与当前的经济、政治、文化、社会发展的实际情况相联系，考虑到当前和将来公众所面临的媒介环境以及公众对媒介消费习惯、文化水平的差异。Web3.0的网络时代，应将新媒介素养教育纳入国民教育体系，建构一个由学校、政府、社区、家庭、媒体、用户多元参与的媒介素养体系，公众参与舆情治理的多项渠道。学校要加强理论研究，主动开设适合不同年龄情况的媒体教育课程。政府要加强对新媒体的管理力度，引导舆论的健康发展，确保政府公信力的维护。媒体要强化行业自律和媒体伦理建设，主动承担传播媒介素养的责任和义务。网民要学习媒体技术，主动参与社会中的民主协商与公共决策。

第三，培养公众网络交往意识和理性思维能力。一方面要加强网络媒介道德的认知。要运用多项措施引导公众主动了解前沿的网络媒介和网络产品，并加深对网络媒介和传统媒介的辨别能力，要培养自身分辨网络信息所呈现出的好与坏的能力，塑造网络信息的选择和应用能力。同时，还要提高自我保护能力。网络信息的繁多并不代表所有内容都有效且有用，过度的网络信息的浏览甚至会产生严重的负面影响，社会公众应主动去预防和调节，面对信息源头模糊的内容提高警惕。此外，还要充分发挥学校教育的主阵地作用，通过课程的传授提升青年们的网络风险抵御能力，学会用理性客观的思维应对网络上海量的文本，确保主流价值观念引领道德实践，推动社会主义核心价值观深入人心。

# 第四章

# 网络空间意识形态治理

网络空间意识形态安全治理工作，是一项具有战略性、全局性意义的重要工作。在信息时代，网络意识形态呈现出新特征、新样貌，网络空间意识形态治理工作在取得重大成就的同时，也面临着一些新的威胁和风险。意识形态安全决定党的前途命运，事关国家的长治久安，这显示出加强网络空间意识形态治理的重要性和必要性。本章将从相关理论阐释、治理现状、治理困境等方面细致阐述网络空间意识形态治理的问题，并在此基础上对目前网络空间意识形态治理工作所面临的风险和挑战提出相应的解决措施。

## 第一节　网络空间意识形态治理的理论阐释

由于互联网技术的飞速发展，全社会已经成为围绕着以信息为核心价值而发展的社会，人与人之间的交往方式也逐渐转向网络形式，人类社会进入了信息时代。数字信息技术的更新迭代推动网络空间成为意识形态斗争的新阵地，网络空间意识形态安全问题也随之产生。面对信息时代发展的新形势新要求，加强网络空间意识形态治理刻不容缓。在进行网络空间意识形态治理工作时，首要任务是明确相关理论，在此基础上进行系统且有效的治理工作。

## 一、网络空间意识形态治理的相关概念

厘清网络空间意识形态的一些基本问题是对网络意识形态治理进行深入研究的前提。网络空间意识形态是现实空间意识形态在网络空间的延伸，网络意识形态安全关乎国家安全，具有牵一发而动全身的作用，因此，要首先阐释清晰其科学内涵。

### （一）意识形态

“意识形态”一词意蕴丰富，其相关理论及其内涵在不同的历史时期，随着社会的发展而经历着不同的变化与发展。“意识形态”一词最早出现于希腊哲学中，一般被解释为观念或者观念的学问，在经过西方哲学界的解读、发展和扩充之后，意识形态一词从单纯的哲学概念逐渐变成了政治学、社会学中出现的词汇。对于意识形态概念的思考和探索最早可以追溯到古希腊哲学家柏拉图所提出的“洞穴比喻”。他认为，人通过感官所感知到的一切事物都不是真实的，就像是洞穴里的囚徒所面对的影像。[①] 然而，经过漫长的中世纪，柏拉图的理念并没有实现。直到1620年，培根提出了“四假象说”，即种族假象、洞穴假象、市场假象、剧场假象。这“四假象说”直接加速了意识形态概念的诞生，而且为人们在思想领域形成正确的价值观、从根本上揭示事物的真相提供了方法指引。

在法国启蒙思想运动之后，“意识形态”这一概念首先由法国启蒙学者特拉西于1796年提出。特拉西将“意识形态”看作是“科学”的代名词，认为人类经验的所有领域都应该运用理性来进行考察。他主张“观念的科学”即意识形态在社会、政治和教育上能够产生很大影响，并试图创建一种国民教育制度，把法国改造成一个理想的社会。然而，在追求这个目标的过程中，特拉西的理论观点逐渐与现实的政治活动联

---

① 王宗礼，史小宁. 政治、语境与历史：意识形态概念的变迁［J］. 南京师大学报（社会科学版），2012（01）：5.

系在一起，这不仅威胁到了宗教学说，而且危及了世俗权威，以至于在后来这种思想被视为一种幻想的、空洞的理论，并把赞同特拉西的“观念的科学”的那些人称为“空想家”或“意识形态家”。[①] 在此之后，马克思、恩格斯在很大程度上继承和发展了这一用法，并细致阐述了意识形态的理论概念。在马克思和恩格斯的理论框架中，意识形态这一概念归属于唯物史观中的一个重要范畴，专指“观念的上层建筑”。此后，马克思和恩格斯的意识形态理论在苏联和中国的具体实际中得到进一步运用和发展。我们认为，意识形态是指某一特定阶级或集团的思想家对特定关系反映后而建立的，包括一定的政治、法律、宗教、道德、艺术等社会学说的完整的思想体系，其目的是建立或巩固一定的政治制度以维护该阶级或集团的根本利益，它是该阶级或集团的政治纲领、行为准则、价值取向和社会理想的理论依据。[②] 同时也可以把意识形态理解为一种观念的集合，是对事物的一种感官理解、认识，是观念、观点、概念、思想、价值观等要素的总和。

### （二）网络意识形态

在信息时代，现实中人们的交往方式和思想交流方式都与网络紧密结合。网络意识形态则是基于网络信息技术的快速发展而产生的。它是现实生活的结构、功能与社会关系在网络空间的延伸和拓展，是人类社会发展进程中一种全新的意识形态。从根本上说，网络意识形态依然是人们物质生产活动和现实社会关系的产物，它是深植于信息时代物质基础的“观念上层建筑”，具有鲜明的时代特征和深刻的阶级属性。一方面，社会生产力的发展对网络意识形态的产生和变化起着决定性作用。网络意识形态的形成与发展受制于网络信息时代生产力的发展状况。在

---

① 俞吾金．从意识形态的科学性到科学技术的意识形态性［J］．马克思主义与现实，2007（03）：15.

② 杨生平．关于意识形态概念的理解问题——兼与俞吾金等同志商榷［J］．哲学研究，1997（09）：41.

互联网发展之初，由于技术水平和技术条件等多方面的限制，互联网的普及率不高、应用范围不够广泛、互动性不强，网络意识形态还处于独立性较弱的状态。然而，随着网络信息技术水平的提高以及媒体平台的丰富完善，网络的使用率和普及率急剧上升，网民规模不断扩大，网络空间正逐步转变为独立场域，与此同时，网络意识形态也开始逐步产生。另一方面，生产力的发展实现了专业化的分工。精细化的分工明确了网络意识形态的主体和作用对象，促进了网络空间中新职业的产生和不同群体的形成。这些职业工作者和各类群体在网络空间中拥有自身的诉求、观点和立场，这些权利以及他们自身的利益需求影响着他们在网络空间的思想观念、行为举止以及对待网络意识形态的态度，在内容和形式上也有力地推动了网络意识形态的完善。

网络意识形态既具有传统意识形态的基本特征，同时也具有网络信息技术所赋予的鲜明特点。第一，网络意识形态具有隐蔽性和虚拟性。互联网作为一种全新的媒介形式，其信息传播速度之快和内容更新之频为人们提供了更为广阔的交流空间，也使得不同网络意识形态主体可以隐藏在数字符号背后，不仅能够任意改变身份符号来隐藏身份，还能够通过加密和代理服务器等技术规避身份的追溯，从而使网民身份呈现出匿名性和虚拟性的特点，网络意识形态相较于传统意识形态也更加碎片化、隐蔽化。第二，网络意识形态具有多元性。互联网作为一个全球性公共空间，其开放性和共享性特征决定了网络意识形态必然呈现出多元特性。从国际范围来看，全球化的发展态势加之新媒体、融媒体、智媒体等多种媒体的出现，使得不同话语主体之间能够跨越时空限制进行交流和沟通。因此，各种网络意识形态在网络社会中都拥有自己的空间，网络意识形态呈现多元性。从某一具体国家来看，在各个国家的网络空间中也存在着不同的网络意识形态。西方发达国家，尽管具备强大的信息技术优势，但网络意识形态的“一元化”仍不能实现。对于发展中国家，由于网络传播的特性以及不同网络文化渗透的便利性，各种意识形态和价值观不可避免地在网络平台上出现，不同身份和知识背景的网络用户都能够在网络平台上表达自己的兴趣和诉求。因此，在统一的国家范围内，网络意识形态更是具有多元化的特征。第三，网络意识形态具有利益性。网络空间中存在着不同性质的意识形态，而不论这些网络意识形态以何种方式呈现出来，其核心目的仍是为了服从和服务于某一特定的社会阶层。在世界范围内，网络意识形态可以划分为社会主义意识形态和资本主义意识形态，这两种意识形态分别是维护和满足各统治阶级统治地位和现实利益的手段；在现实的网络空间中，存在着各种不同的网络公司和传播平台，这些企业和平台主要是为了实现组织的利益和自身的商业需求；在网络空间中成千上万的网民用户之间，其思想观念和个人需求也都存在着差异，分别反映了各自不同的价值观念和思想观点。

### （三）网络意识形态安全

意识形态安全是国家总体安全的重要方面。意识形态安全是指主流意识形态处于一个相对安全的状态，并具备确保其持续安全状态的能力。① 所谓网络意识形态安全则是国家意识形态安全在网络中的自然扩展，是指一个国家通过特定的网络技术手段和科学合理的制度安排，确保其主流意识形态能够在总体上保持相对平和状态的能力。就我国而言，网络意识形态安全是指运用一定的网络信息技术手段和相应的制度安排，来保证社会主义意识形态在网络空间中的话语权，保障主流意识形态不受西方意识形态、价值观念与各种非法信息的侵扰，构建清朗健康的网络空间的能力。随着互联网技术的不断进步和广泛应用，网络成为国家治理的重要领域，网络意识形态安全也被视为国家意识形态安全工作的重要任务。从理论上来说，网络空间作为人民群众日常生活和实践活动的新领域，无疑成为国家治理的关键。因此，确保网络空间意识形态安全是实现国家意识形态安全的应有之义。从现实层面来说，网络

---

① 唐爱军．总体国家安全观视域中的意识形态安全［J］．社会主义研究，2019（05）：50.

的发展在为人民群众提供诸多便利的同时，也极大增加了网络意识形态安全风险，并且使得网络意识形态风险日益渗透到政治、经济、文化、社会等各个领域，这就决定了网络意识形态安全不只是涉及文化层面的安全问题，同样也是影响党和国家事业发展、社会稳定、经济繁荣等多个方面的重要问题。

## 二、网络空间意识形态治理的原则遵循

网络空间中纷繁的意识形态之争对实际生活产生了愈加深远的影响，因此，落实网络空间意识形态治理成为治国理政的重要内容。面向新征程，要加强网络空间意识形态治理，必须树立正确的治理方向，坚持以马克思主义为指导，以中国共产党的领导为根本，牢固遵循人民至上的价值导向。

### （一）坚持以马克思主义为指导

十月革命的胜利，给中国送来了马克思主义，它不仅孕育和催生了中国共产党，而且成了中国共产党始终坚持的指导思想。新中国成立以后，马克思主义在思想文化领域的根本指导地位得到正式确立；在社会主义改造和建设时期，马克思主义以及毛泽东思想成为党带领人民探索社会主义建设道路的有力指南，并且为筑牢马克思主义在意识形态领域的指导地位发挥了不可忽视的作用；在改革开放的历史进程中，我们党遵循正确的思想路线，逐步摆脱了“左”倾错误的干扰，马克思主义在意识形态领域的指导地位逐步恢复并不断提高。同时，在改革实践中所形成的中国特色社会主义理论体系，进一步从理论和实践两个方面对马克思主义理论、党和国家事业的发展进步展开了积极探索；进入新时代，面对新的治国理政实践，在习近平总书记的领导下，党中央始终坚持以马克思主义为指导，在遵循意识形态发展客观规律的基础上，形成了习近平新时代中国特色社会主义思想，实现了对马克思主义意识形态理论的继承、发展和创新，为新时代党的意识形态工作指明了稳健的方向。历史和

实践证明，正是在马克思主义理论的指引下，在广大人民群众对马克思主义的坚定信仰中，我们国家实现了从站起来到富起来再到强起来的伟大飞跃，为实现中华民族伟大复兴的中国梦凝聚起最强大的人民合力。

互联网技术的快速发展为多元社会思潮的传播创造了便利的条件，在一定程度上造成了网络空间中意识形态的激烈斗争。鉴于网络社会思潮的多样性和复杂性，网络空间意识形态治理工作必须坚守并加强马克思主义在意识形态领域的指导地位。习近平总书记指出，“要巩固马克思主义在意识形态领域的指导地位，巩固全党全国人民团结奋斗的共同思想基础”①。在网络空间意识形态治理的过程中，必须坚守马克思主义在意识形态领域的指导地位，运用中国化的马克思主义特别是习近平新时代中国特色社会主义思想，引导和规范多元的网络社会思潮，以马克思主义的科学性和真理性指导网络意识形态治理的实践活动，巩固全党和全国人民共同的思想基础。

### （二）坚持以党的领导为根本

强化党对网络空间意识形态治理工作方面的领导作用，构成了网络空间意识形态治理工作最稳固最可靠的政治支撑，是对社会主义建设和发展规律的认识与升华。党在领导人民进行革命、建设、改革和新时代进程中始终起到统揽全局的核心作用，领导人民创造了一个又一个历史性的伟大胜利。在意识形态领域也不例外，纵观百年来党的意识形态工作可以看出，中国共产党在历史发展的各个时期都始终高度重视掌握意识形态工作的领导权，坚决抵制意识形态领域的错误思想，巩固社会主义意识形态阵地，大力提升党员干部意识形态工作方面的能力，营造了风清气正的政治环境，而这些成绩也进一步增强了社会主义意识形态的说服力、吸引力和战斗力。

随着网络信息时代的到来，网络世界与现实世界高度融通，网络空

---

① 习近平在全国宣传思想工作会议上强调胸怀大局把握大势着眼大事 努力把宣传思想工作做得更好［N］. 人民日报，2013-08-21（01）.

间中充斥着各种纷繁复杂的思想文化信息。面对网络领域的新形势新要求，只有坚持党对网络空间意识形态治理工作的绝对领导，旗帜鲜明地批判错误思潮，才能够促进人才、理念、制度等方面得到全面提升，才能够阐释好中国特色社会主义道路、制度、理论、文化等的合理性和科学性，进而有力地保障网络意识形态安全；只有坚持党对网络意识形态治理工作的绝对领导，坚持正向价值引领，不断筑牢中国人民共同奋斗的思想基础，才能够引导人民群众形成社会主义的理想信念、道德品质、精神涵养，把党的理念不断转化为人民的理想信念，实现党的意识形态内涵与人民群众理想信念的内容相统一，从而为党和国家事业的发展提供强大的精神动力。

### （三）坚持以人民至上为价值导向

将人民至上作为网络空间意识形态治理工作的价值遵循，既是马克思主义的基本立场，也是中国共产党的历史使命。习近平总书记指出："网信事业发展必须贯彻以人民为中心的发展思想，把增进人民福祉作为信息化发展的出发点和落脚点，让人民群众在信息化发展中有更多获得感、幸福感、安全感。"① 满足人民群众的生活需要，满足人民群众对美好生活的向往，让互联网发展的成果更多更公平地惠及全体中国人民，成为新时代网络空间意识形态治理工作的一条基本原则。

在网络空间意识形态治理工作中，一方面，要突出人民群众的主体地位。马克思认为："历史什么事情也没有做，它'并不拥有任何无穷无尽的丰富性'，它并'没有在任何战斗中作战'！创造这一切、拥有这一切并为这一切而斗争的，不是'历史'，而是人，现实的、活生生的人。"② 现实世界中，任何实践活动都与人民群众紧密相连。从网络空间形成与壮大的历程来看，网络空间是在信息技术条件下人们进行现实生产活动的产物，离不开广大人民群众的创新创造。网络的普及率和使

① 习近平谈治国理政（第三卷）[M]. 北京：外文出版社，2020：307-308.

② 马克思恩格斯全集（第2卷）[M]. 北京：人民出版社，1957：118.

用率逐步提高，人们开始更加频繁地通过信息技术进行交流和互动，从而在网络空间构建起了网络价值观念和新的文化生产方式，人民群众的生产活动和现实实践成为网络意识形态形成的基础。因此，在进行网络空间意识形态治理的过程中，要真实地反映广大人民群众的内心诉求，确保人民群众在网络意识形态治理实践中的主体地位得到充分体现，增强主流意识形态在网络空间的影响力和凝聚力，从而赢得人民群众的真心认同。另一方面，网络空间意识形态治理工作要满足人民群众的需求。在开放共享的网络空间中，人们不仅能够感知到各种社会思潮的发展变化，还能够广泛参与意识形态的创作和传播，从而成为网络意识形态形成和发展的关键一环。人民群众作为生产实践活动的主体，只有保障其享有生产实践活动成果的利益，实现广大人民群众的诉求，才能凸显出人民群众的主体地位。网络意识形态不仅是维护国家安全和发展的观念体系，更为重要的是满足广大人民群众的需求和期望，这样才能得到人民群众的真心拥护和支持，从而实现对人民群众长期价值导向的引领。因此，在进行网络空间意识形态治理的实践中，必须紧密依靠人民群众，确保人民群众的主体地位，坚持群众路线，激发人民群众的积极性，调动人民群众的主体力量，汇聚网络空间意识形态治理、维护网络意识形态安全的磅礴力量，从而应对和化解各种网络空间的风险挑战。

### 三、网络空间意识形态治理的价值意蕴

建设社会主义现代化强国、实现中华民族伟大复兴，离不开经济基础和军事技术等强大的“硬实力”的支撑，而以意识形态安全为硬核的“软实力”建设也尤为重要。在新时代，应对网络空间意识形态发展的新局势，网络空间意识形态治理工作成为增强意识形态认同力、顺应现实要求的应有之义；成为提高意识形态凝聚力，防范化解国家网络风险的必要举措；成为扩大意识形态影响力，推进国家治理现代化，实现中华民族伟大复兴的有力支撑。

### （一）增强意识形态的认同力

意识形态作为人民群众在政治建设过程中形成的观念的总和，具有政治引领和政治认同的作用。民众对意识形态的认同也会转变为对国家的认同，构成了国家认同的重要组成部分。意识形态凭借其自身固有的政治导向和建设性特质，通过整合民众的共同意愿，能够推动党和国家的执政方针和执政理念等得到广大人民群众的认同。此外，主流意识形态能够通过揭露资本主义意识形态的虚假性以及多元社会思潮中的错误内容，引导民众有效抵制西方意识形态和错误思潮的渗透，使主流意识形态对民众的思想行为产生持续稳定的影响力、支配力和引领力。当前，网络空间已成为各种社会思潮和利益诉求的集散地。习近平指出："当今世界，意识形态领域看不见硝烟的战争无处不在，政治领域没有枪炮的较量一直未停。"① 在网络空间这一主阵地中，主流意识形态面临着被不同价值观念冲击和消解的风险。因此，必须加强对网络空间意识形态的治理，确保网络空间意识形态发展的正确方向，捍卫马克思主义、主流意识形态的引领地位，占领社会主义意识形态思想价值引领的主阵地，增强人民群众对社会主义意识形态的认同。

### （二）提高意识形态凝聚力

防范化解国家风险、维系支撑国家存在和发展最重要的条件之一就是不同民族、阶层、政党及社会大众在共同的理想、目标、利益基础上所形成的凝聚力。毛泽东指出："凡是推翻一个政权，总要先造成舆论，总要先搞意识形态方面的工作。"② 网络意识形态和其他意识形态一样，一方面维护着现实社会的和谐与稳定，另一方面在凝聚人心和实现价值共识方面具有突出作用。就网络空间而言，网络因其自身所具有

---

① 中共中央文献研究室编．习近平关于社会主义政治建设论述摘编［M］．北京：中央文献出版社，2017：18.

② 毛泽东年谱（一九四九——一九七六）（第5卷）［M］．北京：中央文献出版社，2013：153.

的特征，导致网络空间范围内意识形态呈现出多样性和复杂性的局面。从微观角度来看，个性化的信息推送容易导致网络空间中网民陷入迷茫的困境，从而破坏网络主流意识形态的凝聚力。在宏观层面，由于西方媒体机构在传播媒介领域具有较大的优势，所以其创作出的新闻内容、娱乐节目等信息内容也有着相对较高的水平，也会更加受网络受众的喜欢，这也必然威胁到主流意识形态的吸引力和影响力。因此，无论是从实际情况出发，还是从理论逻辑来看，在网络信息时代，必须加强网络空间意识形态治理，发挥意识形态自身的凝聚力，汇聚成防范化解国家网络风险的强大合力，为新时代网络意识形态治理工作在复杂环境下继续稳健前行提供重要支撑。

### （三）加强意识形态影响力

意识形态需要通过一定的意识形态话语体系才能更好地体现自身所具有的价值和功能。加强网络空间意识形态治理，有利于提升网络主流意识形态的话语权，发挥其话语建构与批判功能，有利于提高意识形态的影响力。从其深层的思想含义来看，网络空间意识形态话语权不只是关于发言权，还涉及所言内容的实际效果和影响力。换句话说，意识形态通过确立其话语体系的权威性，确保其传达的思想和价值观念得到广泛认同和支持，从而有效地回应各种社会思潮特别是网络空间中各种社会思潮对主流意识形态的质疑、偏见与诋毁，从而产生持续稳定的影响力。伴随着大数据、人工智能等先进技术的发展，意识形态话语权的争夺逐渐从传统媒体转向网络空间领域，西方国家的意识形态包括各种错误思潮在网络空间找到了更为隐蔽和便捷的活动舞台，这直接威胁到我国主流意识形态影响力。所以，在这样的时代境遇下，只有加强网络空间意识形态治理，牢牢掌握意识形态的话语权才能够站在人民的立场上科学判断形势，回答和解决时代难题；才能够讲好中国故事、传播好中国声音，扩大主流意识形态的影响力；才能够充分发挥话语权的批判功能，彻底揭露和抵制各种错误思潮，有力击破西方网络话语霸权对我国主流意识形态带来的严峻威胁，确保国家意识形态安全。

## 第二节　网络空间意识形态治理的现状

做好网络意识形态工作是当下应对复杂多变的国际局势，维护国家安全，增强社会主义意识形态凝聚力和引领力的重要议题。目前我国网络空间治理已经取得一定成就，但是由于网络空间意识形态具有虚拟性、多元性、复杂性等特征，这就使网络空间意识形态治理仍旧面临一系列风险和挑战。

### 一、网络空间意识形态治理的现实成就

全面加强网络空间意识形态治理，既是防范化解国家风险的现实需要，也是增强意识形态凝聚力，维护人民群众利益的内在要求。在新的时代背景下，党中央高度重视网络意识形态安全风险的预防和解决，通过实施一系列重大决策部署，网络空间意识形态安全得到切实维护，意识形态领域发生了全局性、根本性转变，网络空间正能量更加强劲、主旋律更加高昂。

#### （一）网络空间意识形态定位更具科学性

第一，明确网络空间意识形态治理工作是一项极端重要的工作。网络空间的存在和发展具有鲜明的时代特征，这就要求我们必须正确分析网络空间意识形态发展的特点和趋势。以习近平同志为核心的党中央立足于当前的实际情况，以长远的国际视野和战略思维，准确把握当前复杂多变的时代背景，强调我们在意识形态领域所面临的斗争是长期的、复杂的，并且明确指出“经济建设是党的中心工作，意识形态工作是党的一项极端重要的工作”①。回顾党百年来的历史进程，中国共产党

① 习近平．论党的宣传思想工作［M］．北京：中央文献出版社，2020：21.

带领人民群众在革命战争的光辉洗礼中，在社会主义建设的伟大实践中，在改革开放的砥砺奋进中，实现了马克思主义意识形态中国化、时代化的发展。在新时代，面对网络信息技术的高速发展，党中央曾多次指出，网络意识形态安全问题必须高度重视，并且反复强调要坚决打赢网络空间意识形态斗争，切实维护政治稳定、社会和谐、国家安全。在习近平新时代中国特色社会主义思想指引下，党深刻认识到网络空间作为意识形态斗争的新阵地的趋势，并准确把握网民思想观念发生的深刻转变，从而做出把网络空间意识形态治理工作提高到新的高度这一科学判断。网络空间意识形态治理工作这一科学定位以社会主义意识形态发展规律为基础，是对党百年来意识形态工作经验的继承与发展，也是对新时代社会主义意识形态规律认识的深化，致力于解决在中华民族伟大复兴过程中出现的新问题和新挑战。

第二，彰显网络意识形态坚持以人民为中心的价值遵循。“民心是最大的政治，正义是最强的力量。”① 做好网络空间意识形态治理工作，既要坚持正确的治理方向、坚定正确的政治立场，又要坚持以民为本、以人为本，把最广大人民群众的根本利益作为网络空间意识形态治理工作的出发点和落脚点。新时代，随着互联网技术的广泛应用与进步，网络社会已经逐渐转变为广大人民群众新的生产生活空间和工作场所，网络空间风清气正是广大人民群众的期望和向往，符合最广大人民群众的根本利益。自党的十八大以来，在习近平同志的领导下，党始终把人民置于首位，着力防范化解网络空间意识形态安全风险，积极主动地对错误思潮展开斗争，旗帜鲜明地对网络空间中的负面言论进行清理，严厉整治网络领域内恐怖、暴力、欺诈等乱象。并且通过综合利用线上线下等多种形式争取凝聚共识，不断创造主旋律高昂、正能量充沛的精神产品，实现广大人民群众对风清气朗的网络空间的美好愿景。

---

① 中国共产党第十九届中央委员会第六次全体会议文件汇编［M］. 北京：人民出版社，2021：95.

## (二) 网络空间意识形态治理能力更加突出

进入新时代，党在网络空间意识形态治理能力得到进一步强化，有效遏制了网络空间意识形态领域中错误思潮的发展，网络意识形态领域的乱象得到有效治理，网络空间意识形态治理的格局基本形成，媒体报刊的主旋律更加清晰，贯彻并有效落实了绿色网络媒体的理念，网络空间中主流意识形态得到高度维护。

第一，网络空间主流意识形态影响力不断扩大。针对网络空间发展的新情况，在习近平总书记的领导下，党中央从正本清源的角度，对网络空间中出现的各种错误思潮进行了坚决驳斥，增强了抵御错误思潮的思想伟力，实现对错误思潮的有效批驳。通过限制错误思潮产生的环境和传播渠道，制约错误思潮的存在与发展空间，从根本上改变了错误思潮蔓延的局面。而且，党中央聚焦国家战略、党和国家大事，积极构建多方位、多层次的传播格局，在网络空间中唱响主旋律、弘扬正能量，营造风清气正的网络氛围，网络空间的环境得到有效净化，网络空间主流意识形态的影响力不断扩大。加强党性建设是提升社会主义意识形态凝聚力的政治保障。党中央还开展了一系列党的先进性教育活动，深入推进党的自我革命的伟大工程。也正是得益于党的自我革命，党员队伍显著提高了抵御错误思潮的能力，提升了党员队伍的洞察力和判断力，从而增强了领导广大人民群众抵御错误思潮的磅礴力量，切实筑牢意识形态安全的思想屏障。

第二，网络空间意识形态治理力量空前凝聚。以习近平同志为核心的党中央深刻认识到新时代以来网络意识形态领域的不稳定、不确定性明显增强，需要通过汇聚亿万网民的强大合力，建立起网络意识形态治理的共治格局。自党的十八大以后，党中央围绕网络空间意识形态治理工作，大力推动构建多主体参与的综合治理格局，而且积极推进国际互联网治理体系变革。一方面，提出多主体参与、良性互动的新型治理方法。党委、各政府部门通过积极配合，充分发挥各自的职能，及时识别并解决好网络空间中的风险隐患。互联网公司在网络空间意识形态治理工作中的自觉性增强。网络企业能够主动承担并履行维护网络信息安全的责任，对在网络平台上发布的内容进行严格的审查，并积极与政府相关部门加强合作，不包庇一切违法或犯罪行为。加强了对网民维护网络空间意识形态安全的教育力度，提高网民的自我保护意识，增强网民抵御各种不良思想侵害的能力。另一方面，积极推动构建全球性互联网治理体系。在全球化的背景下，尽管互联网给全球各地的人民提供了诸多便利，但同时也给世界各国带来了网络空间意识形态安全风险。网络空间意识形态安全形势是复杂而严峻的，每个国家都享有保护其自身网络空间意识形态安全的权益，但同时也不能进行危害其他国家网络空间意识形态安全的活动。网络作为一个开放性较强的社会空间，在进行网络空间意识形态治理工作时，不仅要把握好国内的具体情况，也要坚持问题导向，防范国际范围内网络空间意识形态安全存在的威胁与挑战。为此，以习近平同志为核心的党中央倡导建立全球互联网治理体系，有效建立网络空间意识形态安全共治格局。

### （三）网络意识形态治理制度更加完善

制度是逻辑严密、科学严谨的理论构建，制度建设是根本性举措，是国家发展进步和社会和谐稳定的重要因素。党的十八大以来，在习近平同志的领导下，党中央高度重视制度建设，并注重将制度优势转化为治国理政的实际效能。网络空间意识形态治理的制度作为国家制度建设的重要内容，也随着意识形态工作治理能力的提升而逐渐完善。

第一，坚持马克思主义在意识形态领域指导地位的根本制度。意识形态工作历来是关系党和国家事业发展全局的一项极端重要的政治斗争，也是党的建设中的重要一环。新时代以来，面对新情况新形势新要求，党中央牢牢把握意识形态工作领域的新变化和新任务，明确提出了坚持马克思主义在意识形态领域指导地位的根本制度。这一根本制度是以习近平同志为核心的党中央基于对党的意识形态工作历史经验的深入总结而得出的科学结论，为新时代网络空间意识形态治理工作以及党和国家事业的发展指明了正确的前进方向。坚持马克思主义在意识形态领域指导地位的根本制度表现出新时代中国共产党人的理论自信，这不仅丰富和发展了马克思主义意识形态理论，还进一步巩固了马克思主义指导地位，对新时代加强网络空间意识形态治理工作起到了举足轻重的作用。

第二，逐步建立健全意识形态工作责任制。在党的十八大之前，网络空间意识形态治理的相关制度机制还不够完善，网络空间内乱象丛生，网络空间意识形态安全风险急剧上升，网络空间意识形态话语权也曾一度出现弱化的现象。为了确保网络空间健康有序发展、保障网络空间意识形态安全，以习近平同志为核心的党中央从国家安全战略角度出发，做出了一系列重大的举措和方针政策，先后建立网络意识形态工作领导制度、主体责任制、网络意识形态学习制度等，使网络意识形态制度体系得到不断丰富和完善。习近平总书记还多次强调要深入落实意识形态工作责任制，压紧压实各级党委（党组）责任，切实建立起网络意识形态工作体制机制。由此，建立起了以根本制度为核心、多种制度为辅的制度体系。与党此前的历史时期相比，当前，网络空间意识形态制度所涉及的范围以及所取得的成效是前所未有的，切实提高了新时代网络空间意识形态治理的制度化水平。

## 二、网络空间意识形态治理面临的风险挑战

进入新时代以来，网络空间意识形态治理工作取得了重大成就，网络空间日益清朗，网络主流意识形态凝聚力得到加强。但是随着信息技术的更新迭代，网络信息技术改变着人们的价值认知、交往和行为方式，为各种社会思潮和意识形态的传播提供了巨大便利，网络空间意识形态治理工作在获得显著成果的同时，还面临着一些新挑战、新风险。

### （一）网络空间意识形态话语的虚无主义风险

虚无主义在本质上是对一切价值、概念、存在的否定，其主要表现是对“意义”的抹杀。[①] 近年来，虚无主义话语已经逐渐渗透到日常的网络表达中，形成了针对网络空间意识形态的虚无主义话语。与以往时代的显性话语不同，虚无主义与网络话语的结合增强了网络空间中虚无主义话语内容的遮蔽性、传播力和影响力，使得网络空间中意识形态风险也更加隐蔽化。

第一，网络空间中虚无主义话语否认马克思主义的科学性。网络空间中的虚无主义话语不承认任何客观的真实，否认一切客观事物及其发展变化的规律，即反对实事求是、反对一切从实际出发等马克思主义基本原理，忽视人民群众在历史发展进程中的重要地位和作用，不承认事物发展的规律，以歪曲马克思主义理论体系来否定马克思主义的科学性。例如，在网络中，有人认为，“改良”更适合人类社会的发展和进步，宣扬马克思主义所主张的“革命”论断已经过时。还有人认为，“传统”和“现代”是相互对立的概念，割裂历史与现实社会的关系，从而试图破坏马克思主义的理论体系结构。这些话语内容从根本上颠覆了社会主义意识形态的思想观念。在网络信息智能化的背景下，虚无主义能够掩藏其唯心史观的根本立场、形而上学的思维方式，转而用大众喜欢和追捧的内容和方式进行传播，使得广大人民群众在潜移默化中习惯这种思维逻辑，从而达到削弱马克思主义意识形态话语的目的，弱化马克思主义意识形态在网络空间意识形态领域的话语权。

第二，网络虚无主义话语否定现实生活世界的意义。当前，网络社会成为人们分享和展示日常生活的空间，许多网民都会在各种社交网络平台中分享自己所关注的内容以及对其的感受、想法和观点。在众多网友密切的话语交流和互动下，网络空间成为现实社会的镜像，它不仅能

① 孙艳洁，庞然．网络意识形态话语的虚无主义风险：表现、本质及其应对［J］．东岳论丛，2023（08）：64.

够反映现实社会生活的某些方面，而且也会反作用于现实社会生活。因此，当虚无主义对网络空间意识形态进行渗透时，其影响首先体现在对现实生活世界意义的否定。网络空间中的虚无主义话语用娱乐、戏谑的方式消解现实生产生活过程中的意义，并且使得不少网络话语呈现出价值贬值的意味，以“佛系”“躺平”“摆烂”“丧文化”等为代表的负面情绪层出不穷，使得部分网民对主流意识形态、核心价值观表现出漠视甚至反感的态度，侵蚀人民群众对主流意识形态的认同。由此可见，虚无主义对现实生活世界意义的否定对意识形态造成了一定的冲击，侵蚀人们固有的思想观点，深刻影响着人们的价值认同。

第三，网络虚无主义话语消解人们的历史认同。在网络空间中虚无主义话语最突出的表现就是历史虚无主义，其典型特征就是竭力否定社会主义建设成就和改革开放的伟大壮举，主观篡改、拼凑和歪曲史实。并且历史虚无主义根据主观臆想，故意编造和随意诠释历史人物，任意切换历史场景，编造历史情节，肆意篡改历史事实，用小细节来评判和曲解大历史，严重违背了历史的客观性和连续性。在网络信息时代，互联网技术在加速信息传播的同时，也使得历史虚无主义利用网络话语的碎片化、网络主体的匿名化等特点加速话语渗透，从而破坏正确话语的生存环境，不断侵蚀人们对历史人物的信仰，瓦解人们对科学理论、价值体系以及历史事实的信念，从而动摇人民群众的价值认同和历史认同。

### （二）网络空间意识形态去中心化面临的风险

网络空间意识形态是现实生活意识形态在网络环境中的一种扩展和延伸，网络意识形态会反映出现实意识形态。网络空间中的意识形态呈现出多元化的特征。多元的意识形态在网络上具有碎片性和变异性，同时也带来意识形态去中心化的风险。其主要表现为：一是非主流意识形态去主流意识形态中心化。网络空间中除主流意识形态之外，还存在一些非主流意识形态，例如，民族主义、民粹主义、自由主义和新自由主义、保守主义和新保守主义、社会民主主义和民主社会主义、左派及新左派、右派及新右派等。[①] 这些非主流意识形态通过各种途径和方式抢占主流意识形态空间，破坏主流意识形态的传播与发展，削弱主流意识形态的公信力和认同力，从而使得网络空间中主流意识形态面临着从“去意识形态”到“无意识形态”甚至是“反意识形态”的风险。二是非主流意识形态之间互去中心化。非主流意识形态互去中心化，主要表现为其他意识形态将非主流意识形态核心内容和核心价值观边缘化，人为地模糊非主流意识形态的界限和内容，将不同的意识形态叠加起来，混淆意识形态。三是网络主流意识形态去非主流意识形态中心化。这是体现国家治理体系和治理能力现代化的重要标志，也是维护主流意识形态安全的关键环节。[②]

网络多元意识形态去主流意识形态中心化、互去中心化在具有积极作用的同时，也同样面临着多重风险。第一，降低网络主流意识形态的认可度。这主要表现为在网络多元意识形态去中心化的过程中，将具有社会意义的群体性事件政治化，使非主流意识形态主流意识形态化，从而削弱网络空间主流意识形态的地位，达到去网络主流意识形态中心化的目的，严重危害到主流意识形态的影响力和权威。第二，污染网络多元意识形态空间。在争夺网络意识形态空间的过程中，部分网民不惜采取一些反社会、反主流、非理性的手段攻击与自己所认同的价值理念相悖的意识形态，严重误导广大网民对意识形态的理性判断，从而打破网络空间中的稳定秩序，严重破坏网络空间意识形态环境。第三，社会问题网络意识形态化。在互联网技术的推动下，民生、教育、医疗等社会性问题在网络上得到迅速传播和扩散，网民们会通过意识形态视角把这些只是利益冲突或者是社会资源分配问题上升到政治层面，从而使社会问题呈现出多元意识形态的特点，给社会问题的解决增添了诸多困难和障碍。

---

① 张爱军，秦小琪．网络空间政治认同：特性、失范与改进［J］．中共天津市委党校学报，2020（05）：64.

② 张爱军，秦小琪．网络意识形态去中心化及其治理［J］．理论与改革，2018（01）：97-99.

### （三）“网络后真相化”引发的网络意识形态安全风险

在互联网技术迭代发展的背景下，网络空间中的多元主体对网络问题的广泛参与以及信息的爆炸性传播使得网络空间呈现出后真相化特征。“后真相”相比于陈述客观真相，更倾向于对真相的质疑和批判。在网络后真相时代，个人的价值情感与信念逐渐凸显，占据主导趋势，无真相的真相成为网络空间的基本特征，这既为社会公共治理造成错综复杂的局面，同时也给网络空间意识形态安全治理带来严峻挑战。

第一，阻碍网络空间主流意识形态真相建构。“后真相”不是在单一思潮或者学说的影响下产生的，而是在互联网这一传播媒介下，受网民利益的驱使和各种负面社会思潮的影响而生成的。通过“后真相”的叙事特点，不良的社会思潮利用互联网碎片化的信息表达方式使得广大网民在反复的怀疑中逐渐失去判断力，加剧民众的心态失衡。同时“后真相”的制造者通过引起网民的共鸣，将情感放在首位，事实放在次要位置，强化了舆论的非理性。为此，网民的心理极易扭曲和失衡，网络空间中戾气、丑恶等负能量的语言和行为层出不穷，势必阻碍建构网络空间主流意识形态真相。第二，阻碍网络空间主流意识形态真相传播。在“后真相”时代，虚拟与现实的边界更加难以分明，线上与线下的界限更加模糊，“后真相”的制造者利用不同群众之间共同的情感诉求，用对应的情绪感染群众，煽动群体的感性情绪，让事件在不同群体中发酵，导致真相与假象更加难以辨别，网络空间意识形态治理难度提高。此外，“后真相化”的发展还特别容易引起群体性事件，使得网络空间主流意识形态话语范围不断缩小，这严重阻碍了主流意识形态在网络空间中的传播和扩散，给网络空间意识形态治理工作的开展带来了巨大困难。第三，孕育后政治冷淡主义，弱化网络主流意识形态真相实践。后政治冷淡主义是后真相的产物。政治冷淡主义表现为只关注个人的经济生活而对国家大事和政治问题漠不关心。后政治冷淡主义在政治冷淡主义的基础上产生，但又区别于政治冷淡主义。它的核心特征是以不谈国事的方式谈论国事，而不是不谈国事，以假性参与政治生活的方式远离政治。[①] 在这种情况下，民众的政治参与度大幅下降，导致“吃瓜群众”大量涌现，并且权威性的表达遭受各种非理性的大肆攻击，这不仅对网络空间主流意识形态的价值认同产生了负面影响，而且对网络空间主流意识形态真相澄清造成了一定的影响。

## 第三节 网络空间意识形态治理的路径选择

当前，网络空间已经成为新时代意识形态工作的前沿阵地，网络空间范围内多元社会思潮呈现出加速渗透的趋势，主流意识形态面临着众多挑战和风险，加强网络空间意识形态的治理尤为迫切和重要。针对网络空间意识形态所面临的各种风险挑战，要加强网络空间意识形态治理的宣传教育，加强网络空间意识形态治理的法规建设，加强网络空间意识形态治理的人才队伍建设。

### 一、加强网络空间意识形态治理的宣传教育内容建设

网络空间意识形态治理的宣传教育内容建设是加强网络空间意识形态治理的重要方面。可从强化意识形态引领力、增强意识形态吸引力和引导力、捍卫意识形态凝聚力几个方面入手，推动宣传教育内容建设。

#### （一）追根溯源，强化意识形态引领力

马克思主义理论是主流意识形态的理论支撑，同时也是主流意识形态的灵魂。网络空间作为社会信息传播和交流的重要场域，其发展变化对主流意识形态治理产生了巨大影响。面对网络空间意识形态治理所面临的风险，首先要确保马克思主义指导思想的科学性和真理性获得广泛

---

① 张爱军，秦小琪．“网络后真相”与后政治冷淡主义及其矫治策略［J］．学习与探索，2018（02）：65.

共识，进一步巩固马克思主义在网络意识形态中的地位，加强马克思主义意识形态的引领力。

第一，增强马克思主义广泛的话语共识。对于那些了解马克思主义的人来说，马克思主义的科学性和真理性是可以轻易证明的，其可知性也是容易推导出来的。网络空间中各种错误观念以及“反马”与“非马”的论调之所以能够产生影响，最主要的原因是广大民众对马克思主义理论认识不足，甚至存在对马克思主义理论内容的误解。因此，加强对马克思主义理论的阐释对于网络空间意识形态治理工作具有基础性作用。只有群众对马克思主义理论有正确乃至更加深入的了解和掌握，才能够增强对网络空间中错误信息的判断力，在多元思潮的冲击下站稳自己的立场。为此，要加强对马克思主义理论内涵的详细阐释，推进“四史”学习教育常态化制度化建设，用好网络讲坛，建设好马克思主义理论、党的创新理论的宣讲矩阵。加强理论阐释的目的是促进大众对理论的理解与掌握，因此，在对马克思主义理论进行阐释和传播时，要用群众喜闻乐见的话语形式，巧妙地将抽象的理论与社会实际情况、公众热议的话题等结合起来，可以通过现场研学、实地访谈等形式，引导网民在学思践悟中感悟马克思主义理论的真理力量和实践能力，强化意识形态的领导力。

第二，加强网络空间言论的监督和管理。尽管网络中各种社会思潮的话语逐渐被分散和消解，但是其错误虚假的话语内容仍然影响着公众的认知。因此，在进行网络空间意识形态治理实践时，要准确把握网络空间中的思想动态，有针对性地批判网络空间中各种思潮的错误内容，特别是误解马克思主义、反对马克思主义的言论。网络空间的管理者要切实发挥把关作用，阻断虚假信息，过滤非法信息，担负起保持正确政治方向的责任，从源头上堵塞反马克思主义思想传播的渠道，不给任何反马克思主义思潮传播的机会。同时，还要时刻保持警惕，及时发现并处理网络空间中反党、反政府、反社会主义、反马克思主义的错误言论，缩小直至清除反马克思主义思潮在网络空间中的影响，杜绝任何不良话语信息的负面污染，坚决用马克思主义意识形态占领网络空间。

### （二）加大宣传力度，增强意识形态吸引力和引导力

网络信息技术日新月异，网络交往形式也在不断变化发展。依托于互联网的各种交往方式不仅是网民分享和交流思想观念的主要平台，同时也成为意识形态传播的重要途径，正日益发挥着不可忽视的社会效应。因此，要在准确认识和把握各类网络平台特性的基础上，充分发挥这些网络平台的功能和作用，加强对主流意识形态宣传推广。同时，促进传统媒体和网络媒体之间的紧密合作，创造生活化、传递正向的价值内容，大力弘扬主流意识形态观念，加强意识形态的影响力和领导力。

第一，推进主流意识形态生活化传播。网络空间中多元社会思潮的传播及其话语组织方式之所以能够引起网民的注意，是因为都采用生活化、新颖的标题和内容，从而满足人们的内心需求。近年来，特别是自媒体平台的快速发展，纷繁复杂的社会环境和网络语境导致官方话语和生活话语加速分化。过于正式的话语言辞会使人们觉得难以形成情感共鸣，而更贴近日常生活的宣传则能够让人民群众感受到其与内心需求紧密联系，从而产生强烈的亲近感，这对于提升主流意识形态的吸引力具有积极作用。因此，在网络空间主流意识形态治理的过程中，主流意识形态的传播要积极主动运用生活化语言，紧密贴合人民群众的内心需求，善于挖掘主流价值，以确保网络空间充满积极向上的正能量内容。

第二，促进传统媒体和新媒体融合发展。当前，新兴媒体的影响力日益增强，给媒体形态和舆论格局带来了深刻的变化。网络空间中各种社会思潮不仅利用难以分辨真伪的话语来迷惑大众，还善于利用新兴媒体技术对主流媒体进行攻击。因此，推动传统媒体和新媒体相结合，成为发挥主流意识形态的价值引导力和精神推动力的重要途径。而只有传统媒体与新媒体实现优势互补时，才能够在信息时代构建起具有广泛传播效能的网络媒体格局，使传播媒介能够更好地服务于网络空间意识形态治理工作，更好地服务于党的意识形态工作。新媒体在互动性、满足

个性需求等方面具有明显的优越性，在记者数量和信息资源获取等方面也要优于传统媒体。但是，传统媒体也具备自身的特点，传统媒体拥有强大的编辑力量和采编能力，承担着引领社会思潮、传递政治声音、推动国家战略实施等重要任务的责任，并且传统媒体得到广大人民群众的深度信赖。推动传统媒体和新媒体相结合就是要二者相互取长补短，从而得到完善和提升。为此，传统主流媒体可以充分利用互联网传播快速、范围广泛、模式多样等特点，借助于大数据等尖端技术，促进话语的广泛传播。同时，传统主流媒体还可以利用自身的权威性，积极创新新闻生产理念和传播方式，加强与受众之间的互动沟通，提高自身网络品牌的知名度，扩大影响力。

### （三）丰富文化内涵，捍卫意识形态凝聚力

文化是意识形态的呈现方式之一，也是网络空间意识形态建设的有效载体之一。网络空间中文化类型多种多样，这些不同的文化种类掩盖了特定意识形态的具体表征。如果得不到妥善的处理，主流意识形态及其呈现方式的认可在很大程度上会遭到弱化。因此，在进行网络空间意识形态治理时，要注重以文化建设为重要抓手，丰富网络空间主流意识形态的文化内涵，以文化影响力厚植网络空间主流意识形态的凝聚力。

第一，加强网络空间的内容建设。网络空间中文化兴盛是强化主流意识形态凝聚力的一个重要手段。习近平总书记曾多次强调："我们要本着对社会负责，对人民负责的态度，依法加强网络空间治理，加强网络内容建设，做强网上正面宣传，培育积极健康、向上向善的网络文化，用社会主义核心价值观和人类优秀文明成果滋养人心、滋养社会，做到正能量充沛、主旋律高昂。"① 所以，在网络空间意识形态的治理过程中，要重视发挥文化尤其是社会主义先进文化的价值，坚持中国特色社会主义文化建设的方针，在实践创造中进行文化创造，深入实施网

① 在网络安全和信息化工作座谈会上的讲话［N］. 人民日报，2016-04-26（02）.

络空间内容建设，让社会主义文化理念成为网络空间的主流文化。

第二，增强网络空间的文化内涵。在网络空间中存在着丰富多样的意识形态表现形式，这是网络空间中存在的客观事实。面对网络领域发展的新形势，网络空间意识形态治理工作的任务之一就是要繁荣发展社会主义先进文化。文化作为意识形态产生和传播的重要载体，在提高意识形态凝聚力方面发挥着重要作用。为此，在网络意识形态治理工作中，文化建设要朝着积极向上、风清气正的方向深入推进，挖掘亿万网民喜闻乐见的文化元素，利用时事热点话题并采用多样的传播方式进行宣传和引导，增强文化的表现力。培育亿万网民增强文化自觉和文化自信，提高网民发挥文化作用的担当能力，以文化的影响力助推网络空间主流意识形态的凝聚力。

## 二、加强网络空间意识形态治理的法规建设

习近平总书记多次强调，“法治是国家治理体系和治理能力的重要依托”，“形成良好网上舆论氛围，不是说只能有一个声音、一个调子，而是说不能搬弄是非、颠倒黑白、造谣生事、违法犯罪，不能超越了宪法法律界限”①。因此，网络空间意识形态治理工作也要以习近平总书记重要讲话精神和新发展理念为治理遵循，以宪法为根本，完善网络空间意识形态治理相应的法律法规建设，深入落实法治原则。

### （一）以宪法为根本，维护法律权威

对网络空间意识形态进行依宪治理是依宪治国的重要内容和基本要求。对于主流意识形态的认同最终体现为对国家体系合法性的认同，网民对国家体系合法性的认同程度在很大程度上取决于其利益能否得到满足、民主能否真正落实。而我国以宪法为核心的法律体系，正是旨在维护人民群众的根本利益，体现人民群众的集体共识，获得绝大多数民众

---

① 中共中央关于坚持和完善中国特色社会主义制度、推进国家治理体系和治理能力现代化若干重大问题的决定［M］. 北京：人民出版社，2019：240.

的认同与支持。因而只有形成宪法共识，才能真正保证网民的合法权益不受侵犯，进而维护宪法权威。为此，网络空间意识形态治理工作要以宪法为根本，必须要在宪法和法律限定的范围内展开，不能逾越宪法和法律界限。在网络空间意识形态治理工作进行的过程中，要依宪进行网络空间意识形态治理，严格执行宪法，追究违宪责任，维护宪法权威。无论是主流意识形态还是非主流意识形态，在治理时都必须严格遵守宪法。对于散布传播危害网络空间主流意识形态的言论要加强教育和引导，使其自觉遵守法律规定；对于破坏网络空间主流意识形态的极端性言论和行为要依法予以制止和惩处；故意威胁网络空间主流意识形态，破坏网络空间和现实空间安全，严重危害社会和谐稳定的行为和言论都应受到法律的约束与严厉制裁。

（二）落实法治原则，建立高效的法律实施体系

网络空间不是违法之地，无论是主流意识形态还是非主流意识形态在网络空间中的传播都必须严格遵循法律规定，在网络空间意识形态治理过程中要确保法治原则得到有效实施。一方面，建立健全专门的部门机构。在网络空间意识形态的治理过程中，要增强治理工作开展的专业性和高效性。因此，要建立相关的部门和机构，并且确保进行网络空间意识形态治理的执法人员和公职人员都能展现出高度的专业素养，做到权责分明，同时对于网络空间中出现的具体问题能够做出准确判断并及时处理，严惩网络空间中的违法乱象。同时，各部门和机构之间应该实现网络信息共享，从而提高执法效率，加强对各种非主流意识形态的监管，确保主流意识形态的核心地位。另一方面，网络空间意识形态不仅需要政府、公职人员在其过程中承担治理的角色，同时也需要全社会共同参与其中。在网络空间意识形态治理工作中，党是核心领导者、政府是监管者，社会组织、团体和网民个人不再是被动的管理对象，而是网络空间意识形态安全治理的积极参与者和反馈者。作为网络空间意识形态治理工作的关键一环，在法律理性的引导下，网民要正确恰当地行使

自己的权利，主动将法律法规内化为自身信仰并遵守，约束个人网络行为，积极主动参与到网络空间意识形态的治理工作当中。

### （三）以良法促善治，推动法治和德治相结合

良法是善治的前提和基础。在网络空间意识形态治理工作中，需要采用良法来进行维护，这不仅能够确保主流意识形态的主导地位，又有益于积极引导理性的非主流意识形态健康发展，让非主流意识为主流意识形态注入新鲜活力，使主流意识形态进一步得到充实和完善，最终形成主流意识形态统一领导，多元意识形态健康发展的良好局面。法治作为一种有效的社会控制方法，可以通过保障公民的基本权利，维护公民的自由和安全来营造良好的网络空间环境以推动网络空间意识形态治理工作的开展。在网络空间意识形态的治理过程中，政府要以良法为出发点，对民众关注的焦点问题，以及隐藏在意识形态背后的利益诉求，予以及时回应与解决，进而实现善治的目标。网络空间意识形态治理工作除了采用法律规制对治理对象进行强制约束之外，同时也应该注重内在的道德约束。在网络迅速发展和传播的时代，法律和道德存在重合和不确定的地方，一些极端非理性的意识形态传播无法立即认定是违反了道德还是触犯了法律，因此，要对其进行道德和法律的双重认定，既要充分发挥法律法规的刚性规制作用，也要将具有人文关怀的道德约束结合其中，对那些已经超越道德底线或者逾越道德底线倾向的意识形态言论给予道德约束和法律威慑，在法律与道德的结合中实现网络空间意识形态治理的目标。

## 三、加强网络空间意识形态治理的人才队伍建设

网络空间中各种意识形态复杂多样，这给网络空间意识形态治理工作带来了一定的难度。习近平总书记明确指出，“网络安全为人民，网络安全靠人民，维护网络安全是全社会共同责任，需要政府、企业、社会组织、广大网民共同参与，共筑网络安全防线。”① 要使网络空间意

① 在网络安全和信息化工作座谈会上的讲话［N］. 人民日报，2016-04-26（02）.

识形态治理工作取得成效，要从人才培养出发，强化多元主体协同，加强网络空间意识形态治理的人才队伍建设，积极打造多元主体综合治理的格局，凝聚起治理网络空间意识形态的坚实力量。

### （一）提高网络空间意识形态治理工作队伍实力

在世界范围内，我国网民群体最为庞大，网络空间的意识形态安全风险也较容易频发。面对网络空间中频发的意识形态安全事件，法律法规对意识形态安全风险的反应相对而言具有滞后性，意识形态安全治理工作不能全部依靠法律进行处理。因此，要在党组织的领导下，依托全民化动员的有力支撑，灵活有效地维护网络空间主流意识形态的安全。

第一，提升网络信息受众的网络素养。网络空间中各种非理性、错误的信息混杂，部分网络受众极易迷失自我，甚至迷信网络空间中虚无主义、后真相化话语以及各种错误思潮等。因此，必须加强网民的网络素养。网民只有具备良好的网络素养，具备对信息的辨别和筛选能力，才能够在鱼龙混杂的信息和多样意识形态中选择出正确有效的信息并以此来对负面信息进行批驳。为此，要加强公众网络是非观、道德观和价值观的建设，引导网络信息受众积极传播主流意识形态，增强网民的信息筛查能力和自我保护能力，使之自觉成为网络空间意识形态治理工作中的监督者。第二，加强网络空间意识形态治理人才队伍建设。在网络空间意识形态治理的人才队伍建设中，要把拥护马克思主义，具有坚定政治立场、具备突出的组织能力和专业网络工作素养、富有创新精神的优秀干部选拔到领导岗位上来，构建一支真懂真信真用的马克思主义网络领导队伍，确保网络空间意识形态治理工作的正确方向。在此基础上，公职人员还应当顺应网络意识形态发展的现实要求，加强对网络信息技术的学习和培训，例如提高自身的素养和治理能力。同时，要加强现有的网络从业人员的素质教育，增强其政治意识、责任意识和大局意识，使他们既能把党的政治建设放在首位，又能够熟练运用网络技术、新媒体的传播方式对网络信息进行把关，积极主动地与扰乱网络空间秩序、破坏主流意识形态的行为做斗争，为网络空间意识形态治理工作提供强大的人才支持。

### （二）打造多主体通力合作的网络空间意识形态治理格局

意识形态主体既包括意识形态的制造者、监管者和领导者，也包括传播者。当前，网络空间意识形态的监督和引领都在政府层面，群众的主动性相对缺乏。为此，在网络空间意识形态治理的过程中，要强化全民化的组织动员，构建多主体协同合作的治理格局。第一，强化党在网络空间意识形态治理中的领导地位。在网络空间意识形态治理的工作中，要旗帜鲜明地坚持党管媒体、党管网络、党管网络空间意识形态治理的根本原则，始终坚持党在意识形态领域的领导地位不动摇。同时，国家也要改变传统的自上到下单向治理模式，实现从管理型领导向治理型领导转变，利用网络平台提高自身形象，赢取网民的支持和拥护。第二，有效发挥服务型政府的职能。在网络空间意识形态治理的过程中，政府既要尊重网络空间基本的运行规律，也要充分发挥自身的执行力和掌控力，承担起净化网络空间的重要责任。首先，要坚持以顺民心为本，加大财政投入，搭建互动平台，为广大人民群众提供完善基础设施；其次，政府要注重民意表达，积极回应网络问题和网民诉求，在服务中实施管理，在管理中实现服务，从而为构建风清气正的网络空间提供重要保障。第三，发挥人民群众的主体力量。人民群众作为网络空间意识形态治理的力量源泉，要充分调动广大人民群众进行意识形态斗争的积极性和主动性，发挥人民群众的作用，使广大人民群众能够利用多种渠道、采用多种合理方式参与到网络空间意识形态治理的工作当中，为意识形态治理工作和国家事业的发展出谋划策。并且各社会群体和组织之间也要加强交流与合作，形成共同体意识，减少“集群化”现象，为网络空间意识形态治理凝聚合力，从而构建起国家、政府、社会组织和公民共同参与的多元主体协同的网络空间意识形态治理共同体。

# 第五章

# 全球网络空间治理比较研究

随着互联网逐渐融入政治、经济、文化等各个领域，其已经成为体现国家意志的新载体，越来越多地影响着国际关系和全球战略的稳定性。在世界范围内，网络空间逐渐成为一个实现国家战略的新平台，成为国际权力与利益争夺的新战场。在此背景下，各国都制定了与自身情况相适应的网络空间治理策略，都在竭力通过加强网络空间治理来达到维护自身网络利益的目的。随着互联网在我国发展进程中的影响愈加凸显，全面了解各国的网络空间治理策略，深入分析其中的异同点，探寻导致各国策略差异的深层原因，对于完善我国的网络空间治理策略具有重要的现实意义。

## 第一节　各国、地区网络空间治理策略概览

国际范围中的网络空间治理模式主要有“政府主导”治理模式（“多边主义”模式）和“多利益攸关方”治理模式。根据不同国家在全球网络空间的影响力，目前的国际网络空间格局可以分为一超、一强和多元①，其中“一超”是指美国，其凭借独特的技术优势，成为目前

① 张志安．网络空间法治化：互联网与国家治理年度报告［M］．北京：商务印书馆，2015：88.

世界上唯一的网络超级大国；“一强”，即中国，其作为一支新兴的互联网力量，已然逐步成为一个网络强国；“多元”指的是欧洲等互联网发达国家，以及巴西和印度等新兴互联网国家。[①] 但是，由于各个国家在文化背景、政治体制和经济状况等方面的差异，导致各自的网络治理实践也不尽相同。因此，在世界各国的网络治理实践中，涌现出了一些较为典型的网络空间治理战略。本章节以美国、俄罗斯、欧盟的网络空间治理战略为主，以日本、新加坡、新西兰的网络空间治理战略为辅，尝试对“发达”与“不发达”、“大国”与“小国”的网络空间治理进行较为全面的探析。

## 一、美国网络空间治理战略

互联网的起源和蓬勃发展都源于美国，因而美国一直掌握着全球网络空间治理的主导权，同时也一直以不对等的方针政策操控全球网络空间治理。美国在网络空间仍然坚持自由主义原则[②]，但是在“9·11”恐怖袭击后，美国改变了以往传统的网络管理方式，强化了对网民网络行为和信息数据的监控，将网络安全上升到了国家整体安全的高度。在对外交往中，打着“自由、开放、透明”的旗号，行网络霸权之实，在互联网上掀起了一场“圈地运动”。可见，美国网络空间治理战略以权力为核心，以大国竞争为指针[③]，利用网络基础设施、技术能力等多方优势在全球网络空间治理中巩固其霸权地位，通过意识形态的输出向国际推行对自身有利的诸多规则，进一步巩固自身全球霸权。

### （一）扩大技术优势完善网络空间安全体系

奥巴马上台之后，美国的网络空间战略被放在了比之前更加突出的

① 郭春雨，尹建国．我国网络空间国家治理的模式选择［J］．行政与法，2017（01）：49.

② 尹建国．美国网络信息安全治理机制及其对我国之启示［J］．法商研究，2013（2）：140.

③ 沈文辉，邢芮．美国网络战略的新动向：内涵、动因及影响［J］．湘潭大学学报（哲学社会科学版），2020，44（05）：120.

位置。美国政府相继出台了《网络空间国际战略》《网络空间行动战略》等一系列互联网政策文件，通过对美国政府颁发的相关文件的梳理与分析，美国互联网战略的内容与措施主要分为观念、技术和制度三个层面。第一，在观念层面，大力倡导“互联网自由”。美国提出一系列“自由”的概念，其目的是以互联网的方式进行意识形态渗透，牢牢把握网络空间的文化信息权。第二，在技术层面，美国加大对网络技术研究的支持，高度重视高科技人才队伍建设，以此应对网络威胁。第三，在制度层面，美国将网络安全工作提升到一个新的高度，形成综合性的网络安全协调机制，进而强化网络空间安全的领导，保障美国在全球网络空间的霸权地位。[①] 由此，美国在网络资源、技术、资本以及产业上的优势都成为美国建立信息空间安全机制的有利条件。而美国在网络管理方面的优势在于其对 ICANN 的控制。ICANN 主要拥有三项对互联网管理的职责：第一是对互联网技术规则的制定；第二是对互联网核心基础设施的管理；第三是对互联网核心资源的分配。美国的 IPv4 地址数有 23 亿个，占全球总量的一半以上[②]，并一直借助 ICANN 在技术领域推行自己倡导的治理模式来维护本国对网络治理的主导权，进一步完善网络空间安全体系。

特朗普政府在沿袭奥巴马时期网络政策的基础上，对美国网络安全状况进行了综合评价，并发布了相应的行政命令以促进网络安全发展。在网络技术层面上，2019 年出台的《国防授权法案》强调加大网络安全投入，促进国家安全技术的发展。[③] 同年 6 月，美国国防部发布数字化现代化战略，明确了人工智能、云计算等技术的优先发展地位。2019 年 12 月，总统行政办公室与国家科学技术委员会（STC）发布《联邦网络安全研发战略计划》，明确了网络空间应具备威慑、保护、侦测和

① 余丽．互联网国际政治学［M］．北京：中国社会科学出版社，2017：168-170.

② 方兴东，胡怀亮，肖亮．中美网络治理主张的分歧及其对策研究［J］．新疆师范大学学报（哲学社会科学版），2015，36（05）：65.

③ 特朗普签署美国 2019 财年国防授权法案［EB/OL］．新华网，2018-08-14.

响应四项重要能力，强调要对网络技术的优先发展领域进行重点扶持。[①] 这一系列政策推动了美国网络安全技术的发展，为进一步完善美国的网络空间安全体系提供了政策扶持和技术支撑。

### （二）输出意识形态宣扬所谓网络空间信息自由

美国凭借技术优势拥有互联网传播的主动权，为了隐秘地宣传自己的政治主张和价值观，其在网络空间开展意识形态的较量，大到诋毁一个国家的军事或执政党，小到夸大和扭曲其他国家的个别社会事件，以实现干扰他国内政、遏制他国发展的目的。

“网络自由”的概念由奥巴马政府提出，认为保证互联网空间的绝对透明、公开是互联网信息传播属性的根本要求，也是美国实现民主与自由的必要前提。自此，美国将“网络自由”当作一种普世权力向全世界传播，把“网络自由”“新媒体”“信息技术”作为公共外交的一部分。“网络自由”这个词充满了虚伪和欺骗的色彩，美国打着“网络自由”的旗号，试图用自身的理念和标准干扰甚至重新塑造网络空间，归根结底是为了维护本国利益，是美国为达到自己目的而采取的另一种政治策略。[②] 2010 年 1 月和 2011 年 2 月，时任国务卿希拉里两次发表“网络自由”主题演说，2011 年 5 月《网络空间国际战略》的出台标志着美国互联网国际战略整体性框架形成，“网络自由”战略是该框架的重要组成部分。希拉里表示，美国将把自由地、无成本地访问全球网络空间当成网络空间外交政策的首要任务，并且同时进行“网络自由”和“人权第一”的宣传。事实上，在这样的宣传之下，他们更多的是在向其他国家传播自己的价值观，以一种潜移默化的方式进行网络意识形态的入侵。

在网络生态环境等多方因素影响下，特朗普政府对待“网络自由”

---

① Executive Office of the President of United States. Federal Cybersecurity Research and Development Strategic Plan ［R］. 2019.

② 阚道远．美国“网络自由”战略评析［J］. 现代国际关系，2011（08）：20.

的态度有所转变。第一，特朗普政府对于“网络自由”的态度已经在特定的法律规章中发生了动摇。包括大选“黑客门”在内的一系列事件使得特朗普政府相信，恶意利用计算机进行网络攻击将会威胁到美国民众对其自身的民主体制和全球经济体制的信任。因而特朗普政府先是尝试提出政府占据主导地位的“信息治国战略”，同时要求第三方媒体承担相应的职责，从根源上遏制有害信息的自由传播。第二，美国国土安全部在《国家网络战略》中仍不断鼓吹“网络自由”，同时将国家安全与互联网自由的原则联系在一起，并以保障和增进互联网自由为重点，提高美国的国际地位和信誉。

### （三）秉持实用主义外交原则建立网络联盟

与奥巴马政府重视通过网络政治对他国进行意识形态冲击不同，特朗普政府的国际网络空间治理策略逐渐回到了现实主义的轨道。

在全球网络空间政策制定方面，特朗普政府“美国优先”和“实用主义”的鲜明特征决定了它更倾向于通过双边或多边途径处理国际事务。美国政府官员托马斯·博塞特曾声称，互联网已成为全球“自由主义与非自由主义”两股力量发生碰撞的重要场域，这也是自“9·11”事件后面临的重大战略挑战之一。[①] 特朗普政府的国际网络空间政策侧重于以自身行为为导向来塑造网络空间的规则和秩序。

在全球网络空间外交实践方面，特朗普政府宣扬并践行以美国观念为主导的、体现“实用主义”特点的理念和方法。比起多边治理，特朗普政府更加倾向于同盟友以及符合其利益的合作伙伴进行深度交流与合作。特朗普的国家安全顾问曾表示，特朗普对网络安全的多边架构毫无兴趣，而是更希望美国能通过双边机制和网络安全联盟获得实实在在

① The White House. President. Trump Unveils America's First Cybersecurity Strategy in 15 Years [R]. 2018.

的好处。[①] 美国通过外向传播自由主义理念，凝聚了诸多西方盟友，增强了在世界的影响力。[②] 因此，具体实践中，特朗普政府的政策更凸显双边主义的色彩，认为美国应该与“志同道合”的伙伴建立一个更加紧密关系的联盟，以共同应对网络威胁。例如，特朗普政府与日本多次沟通将网络攻击的定义灵活化，增加了网络威胁评估的不确定性，扩充了自身进行网络攻击的隐性空间。此外，作为美国“印太战略”的重要基石，美、日、印、澳“四国机制”于2019年升至部长级，并强调网络安全对地区稳定的重要意义。[③] 美国在全球普及多利益攸关方治理模式，以削弱由联合国、WTO等国际组织领导的多边治理模式为目的，继续巩固其在国际网络空间的霸权地位。

总体而言，美国政府在国际网络空间治理上本着实用主义的理念，试图忽略联合国组织的存在，通过签署对美国有利的双边协议来搭建全球治理框架，与其他伙伴国家结成网络联盟，以增强自身的网络攻击和防御能力，为维持美国在全球网络空间中的领导地位奠定坚实基础。

## 二、俄罗斯网络空间治理战略

近几年来，俄罗斯网络发展迅速，已经通过多种途径建立起一个较为完备的网络空间治理体系。但是美国的网络威胁、猖獗的网络犯罪活动等使得俄罗斯的网络治理形势依然十分严峻，为了化解一系列不确定因素所导致的网络风险，俄罗斯采取了更多实际手段来加强网络空间治理。

### （一）加快网络空间立法进程，构建网络数据保障系统

到目前为止，俄罗斯在法律和规章的指导下，已初步建立起一套以

---

① 沈逸．特朗普时期美国国家网络安全战略调整及其影响［J］．中国信息安全，2017（10）：46.

② 秦亚青．世界秩序的变革：从霸权到包容性多边主义［J］．亚太安全与海洋研究，2021（02）：3.

③ 江天骄．美日网络安全合作机制论析［J］．国际展望，2020（06）：141.

俄罗斯联邦法为主体、以地方法为补充的多级网络安全管理法律制度，可以更好地保障网络数据，进而建立起一个更加安全的网络治理空间。

第一，以《俄罗斯联邦宪法》为基础奠定网络数据保障的基石。宪法是一切法律的基础，是俄罗斯网络空间立法的重要依据。《俄罗斯联邦宪法》确定了信息安全的基本法律规范。该法第二十四条第一款规定，未经本人同意禁止以任何形式传播其私人信息。第二十九条第四款规定，每个主体都拥有以合法方式查找、接收、传递、制作和发布信息的权利，构成国家秘密的信息清单由联邦法律另行规定。

第二，以其他信息安全法律为支撑构建起网络数据保障法律框架。俄罗斯最早对网络安全进行规制的是《俄罗斯联邦大众传媒法》，该法明确规定，禁止将大众传媒用于刑事犯罪、泄露国家或其他法律特别保护的机密信息。与此同时，为适应不断变化的网络空间情况，俄罗斯通过调整各行业法律法规以保障国家网络安全。在保护数据安全方面，1995 年颁布了《俄罗斯联邦信息、信息化和信息网络保护法》，在 2006 年对该法案进行了修订，确立了信息保护方面的法律原则。2021 年 3 月 1 日，《俄罗斯联邦个人数据法》修正案正式生效，从法律上规定了俄罗斯的数据安全和数据泄露问题治理原则，保证了个人信息的安全。[①] 俄罗斯联邦国家杜马对《俄罗斯联邦消费者权益保护法》以及《俄罗斯联邦行政违法法典》进行了修订，目的是防止商家和服务商对顾客的私人信息进行不当采集；同时也对《通讯法》进行了修订，使电信经营者在执行部门的请求下，有义务提供信息清单。另外，在打击方法方面，俄罗斯还公布了《独立国家联合体成员国打击信息技术犯罪合作协定》，将泄露个人信息的罚款提高了 10 倍。

### （二）积极推动网络空间军事化，加强网络空间治理

俄罗斯国防部长谢尔盖·绍伊古在 2017 年公开表示俄罗斯已经成

---

① 张涛，张莹秋．俄罗斯国家数据安全治理的机制建设［J］．俄罗斯学刊，2022（02）：52.

立专门从事信息作战的部队，首次承认网络军事力量的存在。[①] 日益发展的信息技术不仅对传统战争产生了深刻影响，同时也在不断推动俄罗斯网络空间治理向“军事化”的方向发展。为应对美国加强网络作战能力的战略布局，俄罗斯政府在 2021 年新版《俄罗斯联邦国家安全战略》中明确提出，要以技术发展为重点提高信息作战能力。

第一，实现俄罗斯军队网络行动合法化。2011 年，俄国防部发布《俄联邦武装力量在信息空间活动构想》，为俄罗斯在网络空间的作战行动提供了正当依据。第二，加快开发新型军事武器和技术，持续增强信息部队的作战能力。作为信息战的武器，高精度的导弹和计算机病毒都可以破坏敌人的信息控制和信息传播。鉴于美俄之间的网络冲突，在欧盟和美国加快网络空间军事化部署的同时，俄罗斯也不甘落后，积极开发引进新型军事武器和技术，成立一支专门进行网络打击宣传与防卫战斗的队伍，以增强网络空间作战的军事实力。

### （三）进行国际交流合作，提高网络空间治理的话语权

俄罗斯在加强自身防御能力的同时，也主张在尊重网络主权的前提下加强国际网络交流与合作，共同应对网络威胁，不断提升自身在国际网络空间治理中的地位。

第一，俄罗斯积极倡导制定与维护网络空间安全、推进网络可持续发展相关的法律法规，以维护世界各国的共同利益。俄罗斯建议将不使用武力、尊重国家主权、不干涉他国内政以及所有国家参与网络空间治理的平等权利等理念写入国际治理网络空间的共同准则之中。与美国宣扬的“网络无主权论”不同，俄罗斯是“网络主权论”的忠实拥护者，主张在国际法的框架内建立一套能够有效维护各国网络空间利益，保障各国和各地区均能公平参与全球网络空间治理的国际法律机制，以打破

---

① 杨晓姣，霍家佳．“战斗民族”俄罗斯网络空间作战研究［J］．网信军民融合，2019（06）：51.

美国一家独大的局势。

第二，俄罗斯积极深化同世界各国在网络空间治理领域内的交流与合作。俄罗斯设立专门管理网络安全事务的政府部门，以加强与世界各国和地区在网络空间的交流与合作。例如 2019 年 12 月 28 日，俄罗斯在其外交部设立了 IIS，此举表明了俄罗斯政府对通信技术发展方面的重视，同时也是为了应对在网络空间中不断出现的新挑战，它的首要任务是推动俄罗斯与国际社会在网络安全问题上开展多层次合作。俄罗斯与美国在网络空间治理中仍然是“对抗中合作”的状态，2020 年 9 月，普京提议与美国的国际投行进行正式对话，其本质是为实现双方在通信技术领域的关系正常化，建立务实的互利合作关系，保障全球网络空间稳定和安全。2021 年 7 月，在美俄战略稳定磋商会议上，俄罗斯表示愿意与华盛顿保持定期的网络安全对话，对网络空间安全问题进行讨论。与此同时，中俄在网络空间治理上达成了一致意见，双方在网络安全领域的合作也在不断深化，2015 年中俄签署《国际信息安全保障领域政府间合作协议》；2022 年 2 月中俄签订了《信息化和数字化领域合作协议》，这是中俄基于“百年变局”这一认识而达成的共识。① 2021 年俄罗斯同伊朗达成信息安全协议，在通信技术等广泛领域加强合作，共同应对西方国家的网络攻击。

### 三、欧盟网络空间治理战略

随着互联网技术的不断发展，欧盟面临的网络安全问题日益呈现出多样性、复杂性的特点，网络安全环境的不稳定性逐渐增强。为此，欧盟通过不断加强网络安全战略的顶层设计，采用多种途径提升网络空间治理能力，以此应对这些新的风险和挑战。

---

① 李燕. 2021 年版《俄罗斯国家安全战略》及中俄安全合作［J］. 俄罗斯学刊，2022（02）：134.

### （一）建立多层治理框架，打造安全可信的网络空间

政府的角色定位直接影响到网络空间的治理模式。作为超国家组织，欧盟无法像单一国家行为体一样采用“以政府为中心”或“去中心化”的治理模式，而是将治理权力下移，构成了多层级的治理架构。此外，网络安全威胁还具有跨国界的特点，因而必须在欧盟的统一领导下对各成员国的治理行为进行相互协调。欧洲多层次的治理权力分为两种：一种是将权力下放给有限的、管辖范围不重叠的下级政府；另一种是通过对不同职能、不同辖区间相互重叠的机构进行治理共享，以缓解政府的行政负担。

第一，从治理政策角度来看。2012 年，欧洲网络和信息安全局颁布了《国家网络安全策略》，为各成员国根据自身情况制定网络安全战略提供了依据。后来出台的《欧盟网络安全战略：公开、可靠和安全的网络空间》是欧洲第一部比较完善的网络空间治理战略文件，它对欧洲目前面临的网络环境进行了综合评价，制定了明确的网络空间治理方针，明确了各层次行为体应当承担的责任和义务。

第二，从治理实践角度来看。各级行为体都在积极参加网络空间的治理。欧盟理事会“通信网络、网络数据及科技总司”致力于维护政府部门与企业的网络安全，欧洲警察署致力于打击网络犯罪，而欧盟委员会的“内政总司”则负责监督、协调有关网络治理事务的各机构和部门相互配合、各司其职。2013 年 4 月，来自丹麦、法国、荷兰、西班牙等众多知名的网络安全企业，在欧洲成立了一个名为“欧洲网络安全委员会”的组织，负责协调欧盟及其他国家在网络空间治理方面的合作，构建一整套完善的网络安全保障体系。

### （二）推动数字化转型，在数字监管领域争夺主导权

欧盟从制度、技术和观念三个层面来塑造其独特的数字化转型之路，以增强自身在数字领域中的话语权和影响力。

在制度层面，欧盟通过完善涉及数字行业的法律法规，推动本国数

字空间治理效能提升和数字技术产业化、国际化的进程。2016 年欧盟出台了《网络与信息安全指令》，旨在通过加强网络安全治理，为数字技术的发展提供和谐有利的网络生态环境。2018 年欧盟颁布了《通用数据保护条例》，这是对在网络领域内使用个人数据的行为进行严格规范，以及欧盟成员国在网络数据保护中所要遵循的一系列规则；2020 年颁布的《数字市场法》，目的在于防止部分科技巨头对中小企业或个人施加不公平的条件，营造公平合理的行业风气和市场环境，从而推进欧盟的数字化转型。

在技术层面，数字技术能力是欧盟数字化转型的重要基础。欧盟重视提高公共资金对技术研发的支持力度，以及私人资本、民间资本对数字技术研发领域的投资力度。2019 年 8 月，欧委会提出了“欧洲未来基金”计划，目的是对关键数字技术领域的企业进行资金援助，从而提高欧盟在战略价值链上的地位。法国总统马克龙在演讲中也表示，为实现欧洲的“数字主权”，欧盟将更多地参与到科技公司的创业融资中，重点扶持核心数字技术的研发应用，提升欧盟的数字技术实力。

在观念层面，欧盟率先提出了“数字主权”的概念。这一概念具有真实性和灵活性，对内欧盟对各成员国进行数字主权意识的培养，能够凝聚共识，推动欧盟内部的数字一体化进程；对外能够作为欧盟网络空间治理价值观在全球范围内进行宣扬。“数字主权”理念的深化与制度、技术层面的进步相辅相成，共同为实现欧盟数字化转型这一目标服务。

### （三）积极参与外交合作，扩大网络安全影响力

互联网的开放性导致其成为恶意网络活动向世界范围内传播的工具，对全球网络空间安全构成了威胁，各国都不能置身事外。因此，欧盟需要积极参与国际网络空间治理事务，加强与世界各国的交流与合作，在共同维护全球网络空间安全的过程中扩大自身的国际影响力。

第一，欧盟积极参与全球网络空间治理事务。欧盟致力于树立负责

任的国家形象，与其他53个共同发起方一起制订推进负责任国家行为的规划。2021年，欧盟通过网络安全领域的对话，积极开展网络外交活动，强化与国际、区域组织以及其他利益攸关方的关系。2021年10月，欧盟委员会开始积极推动网络安全能力建设工作，进一步落实在网络空间建立起全球开放网络的目标。

第二，欧盟为共同应对全球网络风险做出努力。欧盟网络安全战略中提到要建立一个联合机构来应对网络安全威胁事件，加强国际网络空间防御能力建设合作，与其他国家及国际组织围绕网络空间安全开展更多交流与合作。2021年欧盟针对恶意网络活动，特别就“太阳风”网络攻击事件声援美国，表明欧盟同美国在共同应对网络威胁问题上建立了亲密同盟。这一系列共同应对网络恶意威胁的网络外交活动，扩大了欧盟在全球网络安全治理领域的影响力。

### 四、其他国家网络空间治理战略

每个国家的网络空间治理策略都基于对本国互联网发展情况的判断，越是技术成熟的国家，就越是有能力来制定高效的网络治理策略。为实现对全球网络空间治理状况的全面了解，在介绍完美国、俄罗斯、欧盟等体量相对较大的国家之后，再选取日本、新西兰、新加坡作为样本，以实现对不同文化背景下各国网络空间治理策略的整体把握。

#### （一）日本网络空间治理战略

随着信息通信技术的迅速发展，日本的网络安全环境也变得更加复杂，如何制定网络安全政策，是日本社会各界经常谈论的话题，同时为了有效应对诸多网络空间安全问题，建设一个具有“强大韧性”的网络空间，使日本成为全球“网络安全大国”，日本政府采取了一系列举措。

第一，致力于构建经济治理与安全治理相融合的网络安全生态系统。日本在2018年7月发布的《网络安全战略》中明确提出，要在

2020年之前构建"网络安全生态体系",继而在2019年出台的《网络安全战略》中对"网络安全生态体系"进行了详细阐述,重点强调要将其建设成为一个多元主体共同参与的、可持续发展的互联网生态体系。"网络安全生态体系"的提出意味着日本政府试图将以控制风险为目的的网络安全治理和以创造价值为目标的网络经济治理进行深度融合,在同一个网络生态体系中实现安全治理和经济治理的集约利用,以自律的市场规则推动二者的可持续发展。2018年12月,日本政府对《网络安全基本法》进行修订,依法组建"网络安全协议会",旨在打造一个跨领域的网络信息共享机制,为建设"网络安全生态体系"奠定基础。

第二,开展国际网络安全合作以提升国际网络安全事务话语权。日本还积极运用国际对话机制,在外交、国防等多个领域同伙伴国展开网络安全合作,共同商讨应对网络攻击和网络恐怖主义等问题。日本于2012年在外交部成立了"网络政策担当大使",在2016年设立了"网络安全政策室",进一步加强了网络外交的力度。此外,日本自2012年以来,以成员国身份积极参与联合国成立的协调各国关于网络安全观点的政府专家小组,就网络安全问题积极发表意见,推动了网络安全领域的国际合作。日本积极同世界各国或国际组织建立双边或多边网络对话及磋商机制。截至2021年5月,日本已经和11个国家和组织在网上进行了交流。

### (二)新西兰网络空间治理战略

网络安全已经成为国家安全治理体系中的重要内容,提高网络安全治理能力成为世界各国的共同选择。以新西兰为代表的经济发达且数字技术先进的国家,网络空间治理经验丰富,同时积极参与国际网络空间治理,具有较强较高的研究意义和参考价值。

第一,提高自身网络治理能力,维护自身网络空间利益。在网络技术能力提升方面,新西兰围绕战略构建和具体措施共同发力。在战略规划上，新西兰近年来发布多个战略性文件，指导本国网络空间治理体系建设。2019年新西兰政府出台《数字公共服务战略》，确定了公共服务现代化转型的方向，将公民和企业作为政府的重点服务对象，努力通过技术发展提升民众与政府的沟通效果，建立适应性更强的公共服务体系。[①] 2022年9月，新西兰发布《新西兰数字战略》，该战略旨在将新西兰建设成为世界领先、值得信赖、繁荣发展的数字国家，阐述了新西兰发展数字经济的愿景和计划，涉及信任、包容和增长三个关键维度。[②] 在实践过程中，新西兰聚焦数字建设采取了一系列提高自身技术实力的举措。新西兰政府高度重视数字设施建设，其中以超高速宽带计划为重要代表，该项目是新西兰有史以来规模最大的基础设施项目之一，促进了光纤网络在国内的普及。新冠疫情以来，新西兰大力推动国内通信数字设施建设，尤其是在改善农村地区联通性方面取得了重大进展。此外，新西兰积极开展数字化政府建设，回应数字时代民众对政府的需求，探寻利用新兴技术提高政府网络治理效能的方式。2022年，新西兰政府成立了一个跨部门数字执行委员会，以协调数字经济与通信部门的融合发展，并指导《新西兰数字战略》及其行动计划的实施。

第二，突破地缘格局限制，积极参与国际网络空间对话合作。新西兰凭借经济上及技术上的优势，突破地缘格局限制，积极深化同其他网络强国的交流合作。新西兰作为美国的传统盟友，经常参与美国主导的网络战演习，作为检验国家信息基础设施安全的重要方式，此外美国与新西兰达成数字技术合作协议，共同强化网络安全防御能力。2020年9月，新西兰与美国、澳大利亚、加拿大的网络安全机构联合发布报告，为关键基础设施建设合作伙伴共同应对网络威胁提供了行动指南。新西兰近年来与中国的交往也日趋密切，2017年9月双方进行了第二次网

---

① 耿召．新西兰网络空间治理进展及对小国的启示［J］．国际关系研究，2023（05）：133-134.

② Ministry of Social Development. MSD's Technology Strategy［R］. 2022：8.

络安全对话，就网络安全政策和运营达成了一定共识，并尝试就商业活动中网络安全与跨境数据传输规范等议题开展合作。长远来看，如果新西兰能够看到中国数字技术所取得的巨大成就，认识到突破现有网络空间治理观念与制度差异的束缚，进行国际合作所带来的实在收益，两国网络空间交流与合作将会取得重要进展。新西兰在深化国际网络空间治理合作中所做的努力，使得新西兰在大国主导的网络空间国际秩序中能够发出自己的声音，一定程度上提升了其在全球网络空间治理中的参与度和话语权。

### （三）新加坡网络空间治理战略

新加坡是全球首个公开宣称要管理网络的国家。① 20 世纪 90 年代以来，新加坡政府在互联网管理方面进行了一系列探索与实践，包括出台法律法规、建立专门机构、成立行业组织以及加强国际合作等。经过多年的发展和经验积累，如今新加坡初步实现了对网络空间的成功治理。

第一，全方位提升自身的网络空间治理能力。在战略制定方面，新加坡曾于 2005 年、2008 年和 2013 年三次出台“国家网络安全发展蓝图”。2016 年 10 月，新加坡制定了《新加坡网络安全战略》，从网络基础设施构建、网络空间安全治理、网络安全生态体系构建、网络空间安全国际合作四个方面提出了战略导向和优先措施。在社会网络安全治理上，一方面，新加坡政府加强与运营商、网络安全机构之间的协作，建立国家网络安全中心和国家网络事故应急小组，提高各部门在遭受网络攻击时的反应和修复速度，进一步提高政府应对网络威胁的能力，创造更加安全的政府系统。另一方面，新加坡政府积极同社会各方共同协作，明确了企业与个人在网络空间治理上的责任义务，通过制订实施“国家防范网络犯罪行动计划”，更高效地应对网络威胁，打击网络犯

① 谢新洲，袁泉．新加坡网络信息管理机制分析［J］．中国图书馆学报，2007（01）：85.

罪。在人才培养和技术发展方面，新加坡政府为数据信息保护专员制定职业发展轨道，确保为本国的网络空间技术提供源源不断的人才支撑，同时更进一步巩固并提高新加坡作为全球可信数据中心的地位。此外，新加坡政府推出了一系列国家网络安全研究与发展项目，旨在加强政府、科研院所及产业界在研究与发展方面的协作。

第二，深化国际交流合作，为自身发展营造有利的国际网络空间。一方面，新加坡遵守“东盟方式”的网络空间管理原则，积极参与东盟的网络空间治理。新加坡积极参加东盟政府网络犯罪问题高层论坛，并在第一届东盟政府网络安全部部长级会议上，提出了东盟计算机网络能力项目。该项目旨在通过加强能力建设、知识共享等手段促进东盟各国政府、民间社会和私营部门之间的合作。另一方面，新加坡为自身争取最大的自主选择空间，不断加强与发达国家、邻国及区域间的合作。2015 年起，新加坡陆续与美国、法国、英国、印度、荷兰等国签订《信息安全合作备忘录》，旨在构建新加坡与各国之间的信息共享机制，加强双方在网络安全方面的合作与交流。新加坡试图通过积极参与国际网络空间治理，逐步提高自身话语权，最终为实现自身网络利益打造出一个安全可靠的网络空间。

## 第二节　各国网络空间治理策略的异同分析

人才技术资源、价值观念、主权认知和战略定位等诸多因素的影响决定了各国之间的网络空间战略存在差异，但是在网络安全建设、法律规制、技术研发和国际合作方面各国的网络空间治理政策又有相同之处。本节通过对各国的网络空间治理战略进行横向对比，解析各国在网络治理上的相同点和不同点，并深入研究导致各国网络治理战略差异的原因。

## 一、各国网络空间治理策略的相同之处

虽然各国面临的网络空间形势不同，采取的网络空间治理策略也不尽相同，但是通过对比分析不难发现，各国在重视本国网络安全建设、发挥法律的规制作用、重视技术的研发应用和参与国际交流合作等方面存在诸多相同之处。

### （一）高度重视本国网络安全建设

随着信息化水平的提高，网络在国家建设、治理和发展中的地位愈加重要，网络安全在国家安全体系中占据重要地位，将网络空间安全上升到国家战略高度成为世界各国的一个共识性选择。

明确网络安全治理的战略定位。美国作为全球信息化水平最高的国家，网络的运行支撑着大量的国家基础设施，为了维护网络空间安全，在2000年出台了《关于信息系统保护的国家计划》，正式开始从国家发展战略的高度规划网络空间安全工作。2003年美国公布了世界上第一个关于网络空间安全的国家战略——《确保网络安全国家战略》。俄罗斯在2019年出台《主权互联网法》，表明其在互联网领域维护国家主权的态度，将维护网络空间国家主权与安全提升到国家战略的高度。欧洲也于2020年先后出台了三份最具代表性的“网安战略方案”，即欧洲网络安全局发布的《可信且网络安全的欧洲》、欧盟委员会公布的《欧盟安全联盟战略（2020—2025）》和新版《欧盟数字十年的网络安全战略》。新西兰出台了《2019年网络安全战略》，将网络安全建设作为国防战略的重要内容。日本是网络安全意识觉醒较早的国家之一，可以追溯到2000年的“IT立国战略”和信息安全政策，2013年、2015年、2018年日本又相继制定和完善了《网络安全战略》。

推进网络安全治理体系建设。20世纪90年代，美国就提出将网络安全纳入国防建设的范畴，加快构建网络安全国防体系。2000年《关于信息系统保护的国家计划》的出台确立了美国国家网络空间安全的

法制框架。[1]"9·11"事件之后，美国加快了打击网络恐怖主义，构建国家网络空间安全体系的步伐。俄罗斯构建了严密的网络安全治理执行体系：总统居于首位，决定俄罗斯联邦信息安全系统的组成，俄罗斯联邦安全委员会发挥着统领全局的作用；俄罗斯联邦安全局、联邦对外情报局、联邦通信监督局、联邦内务部、联邦技术和出口管制总局、国防部是网络安全治理执行体系的主体；俄罗斯联邦地方政府的信息安全管理是保证俄罗斯国家信息安全的基础。为适应网络时代的发展，欧盟也逐渐建立了较为系统的网络安全治理体系，在组织机构方面，欧盟委员会、欧盟理事会、欧洲议会和对外行动署负责宏观整体的策略制定，设立了多个职能不同的网络安全管理局负责具体的政策协调和治理合作，各国均设立了网络安全专门机构。在政策法规方面，欧盟逐渐构建并完善了以网络发展宏观战略、互联网具体管理制度以及技术规范和标准为主的网络空间法律框架，保障了欧盟网络空间的秩序和安全。新西兰政府制定的《2019 年网络安全战略》，从网民、网安生态系统、国际交流、风险防控举措、国防战略五大方面入手，奠定了国家网络安全治理全面化、体系化的战略布局。日本不断更迭的《网络安全战略》，其主线都是不断完善网络空间安全体系建设，为保障国家安全提供战略支撑。

信息安全是网络安全的主要内容。1998 年美国首次从国家层面对"信息安全"进行概念上的阐释，并指出当时国家网络安全治理中存在的诸多不足。[2] 2000 年和 2016 年，俄罗斯分别发布两版《俄罗斯联邦信息安全学说》，其要旨是必须保证俄罗斯的信息安全，确保在信息空

---

① 洪延青．中国首个网络空间安全战略特色鲜明［J］．中国经济周刊，2017（02）：82-83.

② 陈颀．网络安全、网络战争与国际法——从《塔林手册》切入［J］．政治与法律，2014（07）：158.

间保障俄国家战略利益的实现。[1] 2017年俄政府发布的《2017—2030年俄罗斯联邦信息社会发展战略》和《〈俄罗斯联邦"数字经济"国家纲要〉在信息安全领域的实施计划》，提出要加大对信息安全建设的资金投入。欧盟发布的《可信且网络安全的欧洲》重在加强各成员国之间对互联网经济的信任，打造"可信且网络安全的欧洲"，促进各成员国之间的信息数据流通，为欧盟的网络安全能力建设提供稳定、和谐、安全的网络生态环境。新西兰网络安全战略的目标一直是打击网络威胁和网络犯罪活动，保障本土网络信息安全，维护国家网络基础设施。日本在2000年制定了信息安全政策，其后日本内阁成立了"信息安全中心"和"信息安全政策委员会"，作为制定、推进、调整相关信息安全政策的主导机构。

### （二）重视法律对网络空间的规制作用

随着法治建设在国家发展中的作用不断凸显，各国政府在网络空间治理实践中均要求从法的层面进行合理性解释、设置管理框架、构建保障体系。

加强对个人网络隐私安全的保护。美国是最早通过法规手段保护个人信息安全的国家，1967年颁布的《情报自由法》是美国公民了解关键信息的重要立法，之后围绕着信息自由，美国出台了《隐私权法》《电脑匹配与隐私权法》《儿童网上隐私保护法》《个人数据隐私与安全法》等法案。《俄罗斯联邦宪法》第二十四条第一款规定，未经本人同意禁止以任何形式传播其私人信息；2021年3月《俄罗斯联邦个人数据法》修正案正式生效，对俄罗斯数据安全与数据泄露做出了明确的法律界定，强化了俄罗斯公民个人数据安全。[2] 欧盟在2002年发布

---

① 由鲜举，高尚宝.《俄罗斯联邦信息安全学说（2016）》解读［J］. 保密科学技术，2016（12）：37.

② 张涛，张莹秋. 俄罗斯国家数据安全治理的机制建设［J］. 俄罗斯学刊，2022（02）：52.

《关于电子通信行业个人数据处理与个人隐私保护的指令》，2011年出台《保护电子标签个人信息安全协议》。日本在个人网络隐私安全方面也出台了《反垃圾邮件法》《个人情报保护法》等法案，有效强化了个人信息安全问题的应对。新加坡出台了《垃圾邮件控制法》《个人信息保护法》等法案，为推进公民网络信息安全保护、打击网络犯罪提供了法治保障。

加强对社会网络安全层面的法律管控。2010年美国审议了《网络安全加强法案》，在《网络安全法案》设计的网络人才培养方案基础上，进一步推动国家在网络空间安全标准层面的制定进度，以便促进社会网络安全治理领域的研究发展。2012年俄罗斯出台了《网络黑名单法》，禁止维基百科、谷歌等一大批网站的信息在俄罗斯传播，同时禁止媒体发布不尊重俄罗斯国家、政府、个人或可能对社会造成危害的信息。2014年俄罗斯出台新法案，要求外国互联网公司使用俄境内服务器储存俄罗斯网民数据，以保证俄政府对网络信息数据的监测。欧盟于2020年发布了《欧洲民主行动计划》，提出持续提高欧盟对抗信息空间干扰的能力，打击虚假信息。2021年5月，欧盟发布世界上首个关于强化《反虚假信息行为准则》的政策指南，从责任义务的角度激发互联网平台反虚假信息的主动性。日本为了推进网络行业的健康发展，促进公私部门之间的交流合作、数据共享，出台了《反不正当竞争法》《中小企业信息安全对策指导方针》《促进公私部门数据利用基本法》。新加坡为满足网络空间治理形势的发展需要，也出台了《电子交易法》《网络行为法》等，对互联网企业和网络媒体的行为进行规范引导。①

加强国家网络安全利益的法律保障。经过“9·11”事件后，美国先后在2001年和2002年相继通过了《爱国者法》和《国土安全法》两部法律，旨在全面加强政府对网络的监管，保障国家的安全。俄罗斯

① 汪炜．新加坡网络安全战略解析［J］．汕头大学学报（人文社会科学版），2017（03）：106.

政府的立法重点在于加强对网络空间的监管力度，试图切断国内外政治反对派的网络进攻途径。俄罗斯政府相继完善《社会联合组织法》《非营利组织法》，出台《外国代理人法》，严格限制非政府组织和“外国代理人”的网络活动空间，防范西方国家反动的“颜色革命”。欧盟出台了《通用数据保护条例》《中华人民共和国网络安全法》《数字服务法》和《数字市场法》等法律文件，以统筹协调数据安全、网络安全问题，为促进国家数字经济的发展保驾护航。[①] 日本政府高度重视对“网络安全”的相关概念、问题、内容等做出法律规定，出台了包括《IT 基本法》《网络安全基本法》在内的一系列有关信息安全和网络安全的基础法案，既为制定国家网络安全战略提供了有力的法律依据和保障，也为有力打击网络犯罪、防范化解信息安全重大风险、推进网络空间治理提供了法治保障。新加坡出台了《广播法》《国内安全法》《滥用电脑和网络安全法令》等一系列有关国家网络安全的法案，为打击网络犯罪行为、维护国家网络安全利益提供了法律依据。

### （三）重视互联网技术的研发应用

互联网技术是治理网络空间的能力基础，先进的网络技术不仅是维护本国网络安全的强有力手段，更是提升国际网络空间治理话语权的关键因素。因此，世界各国都高度重视先进互联网技术的研发应用，试图在国际网络竞争中占领技术高地。

重视维护自身网络技术主权。美国作为世界上唯一的网络超级大国，为维护自身的技术垄断优势推行进攻性、威慑性的网络空间战略，以遏制新兴国家的网络技术发展，所以美国网络技术研发的重点是加强军队的信息化水平建设，提高网络空间作战能力。作为全球互联网领域的“独裁者”和技术圈禁的制造者，美国自身并不存在技术主权的担忧。“技术主权”最早是由欧盟提出的，主要是指通过网络技术研发实

---

① Convington Report. The EU Gets Serious about Cyber：The EU Cybersecurity Act and other Elements of the “CyberPackage”［R］. 2017.

现自身在网络领域的独立自主。2020 年 2 月欧盟发布了《塑造欧洲的数字未来》《人工智能白皮书》和《欧洲数据战略》，从不同角度对技术主权进行了阐述，旨在冲破美国的技术圈禁，提升欧盟在网络空间领域的技术实力，保持在人工智能、数字经济等领域的独立自主。俄罗斯作为美国的重点打压对象，加强网络技术的本土化转换，用“断网”行动进行本土网络运行测试，试图建立一个能够保障国家网络基础设施长期稳定运行的国家域名系统，以提高网络技术的独立性。新加坡致力于推动本土企业与国外高科技企业达成合作，这不仅有利于从科技研发、市场拓展、人才培养、企业管理等方面实现国内互联网行业的整体提升，而且能够加深国内企业对国际网络技术前沿领域、发展态势和网络安全形势的了解，掌握网络空间治理的主动权。新西兰虽然与美国同属一个阵营，但并不是完全对美国亦步亦趋，而是加快发展数字经济产业，提升自身的数字技术治理能力，推动本国的网络空间治理体系走向成熟。①

重视网络技术人才的培养。美国在《国家网络安全综合计划（CNCI）》中明确了网络安全人才工作的战略意义，2012 年美国颁布的《国家网络安全人才框架》构建了科学系统、全面细致的网络安全人才体系。2018 年 12 月，美国发布《制定成功路线：美国 STEM 教育战略》，推进网络安全人文层面的基础性和应用性研究。俄罗斯在军事通信学院、国防部军事大学等高等军事院校中增设网络安全相关学科、专业以扩大网络空间治理人才培养规模。俄国防部还于 2015 年成立了中等军事院校性质的“IT 技术武备学校”，以便直接为高等军事院校输送网络空间战人才。自 2013 年以来，针对各种网络安全新威胁，欧盟大力促进尖端人才的培养，在欧洲网络安全局的支持下，欧盟各国通过举办网络安全攻防比赛等活动挖掘具有潜力的青少年，通过“黑客实

① 耿召．新西兰网络空间治理进展及对小国的启示［J］．国际关系研究，2023（05）：132-133.

验室”发掘民间网络安全攻防顶尖人才进行培养，使其成为国家战略储备人才。新加坡政府积极协调大学等学术科研机构与市场及非政府组织的互动合作，开展多项网络安全研究项目，合作研发对抗高端持续网络威胁的创新技术，成立网络安全卓越中心，为国家网络空间治理发展提供了强有力的人才支撑和资源保障。

### （四）积极参与国际网络空间治理合作

网络空间的虚拟性、开放性等特点模糊了国家的地理界限，为不法分子实施犯罪活动提供了便利，面对网络空间安全问题的威胁，任何国家都无法置身事外。本着为本国网络空间发展提供健康环境的目的，世界许多国家和地区积极推动网络空间合作不断深化，加强网络空间治理的国家协商与合作。

推进网络空间治理国际交流。美国的国际网络空间治理合作带有明显的威权性、功利性，以其所谓“民主”“自由”等理念制造意识形态分野与对立，声称民主国家正在遭受威权主义国家围困，从而对其他国家进行网络干涉和安全威胁，以攫取其在网络空间国际治理中的主导权。俄罗斯以平等互利为原则积极参与国际网络安全事务，向美国国际投资银行发出对话正常化的倡议，提出与东盟国家在信息安全问题上的合作构想，重点关注与欧安组织在网络空间的互信。欧盟在对外交往层面，不仅持续深化同传统盟国之间的交流与合作，而且不断加强印太网络安全合作，逐步形成了全方位的国家网络交往格局。新西兰凭借网络技术和网络治理方面的优势突破地缘格局限制，积极参与国际交流合作，同网络大国保持密切交流，同澳大利亚在军事情报领域保持亲密的同盟关系，在网络安全防御体系建设方面同美国达成合作协议。日本为了树立负责任的国际形象，也积极为维护全球网络空间的和平稳定建言献策，大力推进网络安全政策智库的国际化建设，不断加强通信技术研发的国际合作，推动高新技术成果的全球拓展。

推动构建国际网络空间规则。美国主导全球信息产业技术规范的制定，强行割裂全球技术链条，试图在全球网络信息技术领域孤立其竞争对手。2021年出台的《2021网络外交法案》，是美国在联合盟友遏制中俄等地缘政治竞争对手、推动构建以美国为中心的网络空间安全规则、营造符合美国利益诉求的国际网络生态等方面的重要政治工具。俄罗斯不断深化在构建国际网络空间秩序方面的角色认同，积极推动国际社会网络空间治理准则的共同制定，试图打破以美国为主导的国际网络空间治理体系。欧盟为了规避国际标准化框架竞争带来的风险，推进符合自身价值观的国际网络安全愿景，不断提升国际互联网标准制定的参与度和话语权，并始终致力于强化其所提出的《布达佩斯网络犯罪公约》的国际认同度。日本政府在各种国际场合中都积极开展关于国际网络空间行动规范、网络空间的国际法适用、全球网络空间安全等议题的交流协商。

## 二、各国网络空间治理体系的差异比较

网络资源随着信息技术的飞速发展，已逐渐成为一国必不可少的战略资源，网络安全的维护等级更是衡量一国综合国力的重要标志。网络安全是当代大国关系关注的焦点问题，网络空间的全球治理舞台更是大国博弈的新技场。[①] 目前各国在根本利益、治理目标、治理模式等方面存在着明显的治理差异。

### （一）根本利益不同

随着网络信息技术在政治经济领域的价值显化愈加明显，各国的网络主权意识逐渐觉醒，网络空间治理成为国家治理的重要组成部分。网络空间治理是各国在数字时代维护自身利益的必然要求，是否承认网络主权，是否推动国际网络空间的互利共赢，是否允许网络监管和网络信息自由流通等，都体现了各国在根本利益上的分歧。

① 李传军．网络空间全球治理的秩序变迁与模式构建［J］．武汉科技大学学报，2019（01）：21.

各国根本利益的内容及属性不同。根据各国网络空间治理根本利益内容的不同，可以将各国的根本利益划分为两种性质。一种是“垄断性”利益，以美国为代表。美国网络空间治理的根本利益就是要继续推行网络空间霸权主义、把持网络领域规则制定权，遏制中国、俄罗斯等新兴网络大国的发展，巩固自身的网络霸主地位。另一种是“发展性”利益，除美国以外或处在美国网络霸权阴影之下的国家。欧盟在国际交往中追随美国的网络空间治理理念，支持政府之外的利益攸关方在治理中发挥主导作用，但是与美国不同的是欧盟一直强调网络的公域属性。“斯诺登事件”几乎摧毁了美欧在网络领域的战略互信，欧盟开始重新审视自身的网络治理理念，开始布局“去美国化”的网络空间战略。俄罗斯在“断网”、“数字演习”、网络程序国产化等行动中做出的努力，都是为了在同美国的网络博弈中占据优势，打破美国的互联网垄断。新西兰、日本、新加坡都高度重视本国网络空间安全，在国际社会更清晰地表明对维护自身网络安全的利益关切。

各国维护根本利益的手段不同。美国为了推行网络空间霸权主义、把持网络领域规则制定权，坚持把“平等、自由、民主”的价值观贯彻到网络空间治理领域，在国际互联网治理中奉行单边主义政策，垄断互联网核心技术，极力将本国设计的网络技术标准变为国际统一标准，试图在信息技术空间建构中嵌入符合美国利益诉求的结构性权力。[①] 美国为了巩固自身在网络空间的霸权地位，组建网络部队，威逼中小国家与其达成同盟关系，发动网络战、信息战，遏制中国、俄罗斯等新兴网络大国的发展。欧盟为了摆脱对美国的技术依赖，高度重视维护网络空间主权，并提出了数字主权和技术主权等概念，推动完善国际网络空间对话机制，实现网络空间全球治理的全方位布局。俄罗斯始终承认并维护网络空间的国家主权，坚持多边主义立场，在 2019 年 11 月金砖国家领导人第十一次会晤中发出缔结网络安全政府间协议的倡议，力图通过

① 杨剑．开拓数字边疆：美国网络帝国主义的形成［J］．国际观察，2012（02）：6.

推进金砖国家间的网络治理合作，改变当前全球网络空间治理的权力布局，塑造平等互利的国际关系。在网络空间事务上，新西兰已然成为美国所主导的西方多边机制体系中的一员，但是在网络主权问题上，新西兰主张在充分考虑网络空间特征的基础上把领土主权原则应用于网络空间，不认为未经授权入侵别国网络信息系统的行为违反了关于主权的国际法。日本高度重视本国的互联网安全，把网络安全建设看作是维护自身网络空间主权的重要举措。

### （二）治理模式不同

各国政府的网络空间治理是一个不断调整、逐步完善的过程，根据政策导向、市场化和社会化程度等要素，从发展和规制两个角度梳理总结出美国、俄罗斯、欧盟、日本、新加坡在网络空间治理模式上的特点及差异。

网络空间治理发展思路不同。美国的发展思路带有明显的扩张性色彩。在经济扩张方面，美国布局在全球互联网经济的产业发展市场，占据全球网络经济产业链的优势地位，享受经济霸权带来的巨大利益；在政治扩张方面，美国倡导网络空间无主权论，试图凭借技术优势强行干涉、控制欠发达国家和地区的网络系统，以巩固其政治上的霸权地位。俄罗斯的国家特性是安全利益高于发展利益，因此，在互联网治理上，俄政府更加注重保障网络空间安全，应对网络主权面临的威胁与挑战。俄罗斯国内网络空间治理政策的制定深受国际政治因素影响，为应对以美国为首的西方国家的遏制，维护自身网络主权，俄罗斯的网络空间治理模式带有“反网络殖民”的特点。俄罗斯致力于建设完全自主可控的本土互联网运行系统，严格监管外国资本在本土网络产业中的发展，这一系列维护自身网络主权的举措都是“反网络殖民”逻辑的具体显化。欧盟的网络治理权力是由成员国让渡而来，政策的制定与执行都需要经过多层博弈和协调之后才能落实，这客观上导致了欧盟的网络空间治理模式具有多层次多方参与的特点。欧盟推出了一系列合作框架，建立网络安全“公私合作伙伴关系”，吸引民间机构和私人部门广泛参与到网络安全治理中来。日本的网络空间治理采取了法团主义模式，由各政府职能机构、非政府组织、企业和专家学者等利益团体共同参与，能够不断根据世界潮流变化和日本经济情况制定产业扶持政策、支持科学技术创新，推动互联网产业的转型升级。

网络空间治理规制策略不同。美国网络空间治理模式最突出的亮点就是结合其国家政治传统和网络产业科技发展的领先地位，政府角色和治理方式相当灵活，交叉运用发展政策和规制政策，扶持和监管交叉并用，不断根据新情况和新形势调整治理机制以保持优势地位。美国还极其重视引入市场和社会机制，以弥补美国政府治理能力的不足，形成多元协同的本土网络空间治理模式。在普京建立的垂直国家管理体制下，俄罗斯建构起政府全方位主导，以维护国家网络安全为重点，涵盖制度规范、组织机构、工作举措的网络空间治理体系。俄罗斯这种政府主导、强化监管的治理模式固然遏制了外来的网络安全风险，但是在相当程度上抑制了国内互联网行业的市场活力和发展潜力。欧盟作为超国家机构，不能直接插手各国的网络硬实力建设，立法成为欧盟保障网络安全的主要手段。欧盟通过建立法律框架为具体的网络治理实践提供指导和制度保障，提高了各成员国的协调效率。日本模式基于经济治理和安全治理的逻辑，注重发挥法制建设在网络空间治理中的作用，通过制定一系列法律法规保障网络安全，为网络产业发展营造良好社会环境。新加坡的网络空间治理模式在东亚地区是比较成熟的，具有自己独特的风格和优势。新加坡秉持社会治理领域中的诸多原则，在网络空间治理中坚持政府主导，兼顾各方利益，做到精英政治与大众民主相结合、政府干预与市场竞争相结合、东方文化与西方文化相结合，[①] 塑造了较为典型的东方国家网络空间治理模式。新加坡对政府作用的重视明显不同于西方国家所强调的去中心化特质，而且随着大数据、智能媒体等新兴互

① 刘志伟．新加坡社会治理经验与启示［J］．行政管理改革，2013（08）：67-68.

联网技术的发展，政府角色从信息化初始阶段的“全能型政府”转向“智慧国家”阶段的“合作型政府”，这种政府角色的转变是顺应网络时代潮流、深化政府角色认知的结果。

（三）治理目标不同

由于文化背景和基本国情的不同，各国网络空间治理的侧重点也不同，但是各国出于对自身利益的考虑，都会设立一个优先发展的目标。

美国作为世界上唯一的超级大国，凭借其技术人才上的优势一直处于国际网络权力金字塔的最顶端。为了巩固自己的网络霸权，美国在网络空间治理上采取双重标准，对内加强本土网络的安全建设，对外大肆宣扬网络自由，倡导网络无主权。美国的网络空间战略目标是建立其网络空间的绝对领先地位，用强势的姿态维护网络空间的霸权稳定，建立以美国为主导的全球网络安全治理框架。针对网络犯罪和网络恐怖主义，讲求主动出击，消灭一切隐患，即使在损害盟友知情权和利益的前提下也要推行其政策。美国的这种野心和不正当行为对其他国家的网络空间安全构成了极大的威胁。

俄罗斯作为“网络主权”最早的倡议者之一，注重网络主权的保护，在政府主导下多手段、多渠道相配合，构建了组织严密、辐射范围广、管控力强的网络治理体系，积极追求联合国框架下的多边治理。俄罗斯网络空间治理的目标是保护网络关键基础设施安全，实现自身互联网发展的“自主可控”，在保证本国网络安全利益不受侵犯的前提下，主动寻求国际合作共同打击全球性网络威胁，推进全球网络空间权力体系的合理建构。

欧盟的网络空间治理目标始终围绕“防御”“打击”“宣传”三大主题。[1] 欧盟委员会及其下属专门机构加大对技术创新的政策扶持力度，试图通过技术创新和发展摆脱对他国的依赖，增强网络防御能力；

① 宋文龙．欧盟网络安全治理研究［D］．北京：外交学院，2017：62.

期望建立一套协调机制和法律框架，形成各成员国之间的网络空间治理合力，以增强欧盟的网络打击能力；把保障人权、上网自由、知识产权保护、电子政府等网络治理理念融入各项网络安全战略、法规和纲领之中，并尝试在全球范围内推行欧盟的网络空间治理观念。

日本网络空间治理的目标是推动数字经济发展，维护网络空间安全。经济发展和安全治理是日本网络空间治理的底层逻辑和重要目标。2013年至今，日本的网络治理战略由基础设施建设转向大数据资源的应用，试图以信息技术创新振兴日本经济。日本的网络安全治理经历了由“信息安全”到“网络安全”的全方位转变，形成了“公私分治”的网络安全治理模式，修改相关配套法律法规，在加强公权力方向形成合力，强化对公共部门的监控作用；民间部门在延续“自律性”原则的同时，在政府采购及技术支援方面接受政府指导，形成了涵盖企业管理层和基层的全方位信息安全对策指针。

数字时代的到来为新西兰经济发展和治理效能提升提供了新的增长点，其网络空间治理目标主要是围绕数字技术创新与普及、网络治理规划与机制建设，提高网络空间治理能力，期望在太平洋岛国地区网络空间治理领域获得一定领导地位。新加坡的网络空间治理始终围绕科技创新和人才培养两大主题，抢占关键网络技术和先进人才资源是其主要目标。新加坡深刻认识到掌握核心网络技术是促进空间治理能力提升的重要物质支持，高度重视对国内外先进互联网技术的获取和突破。此外，新加坡大力吸引海外顶尖人才进入本土工作，用国际先进标准培养本国人才，为网络空间治理的可持续性发展提供强大的人才资源保障。

### 三、各国网络空间治理策略存在不同的原因

不同国家的历史文化传统塑造了不同的价值观，在不同价值观的引导下，各国出于维护国家利益的现实需要，会制定与自身科技实力相匹配的网络空间治理方略。价值观和意识形态是导致各国网络空间治理策

略差异的深层原因，进而引起各国在网络主权认知上的差异。网络主权认知上的差异是意识形态在网络治理领域的集中体现；人才技术资源方面的差异是导致各国网络空间治理差异性的现实因素。

### （一）价值观和意识形态上的差异

美国在网络空间中的霸权主义行径是其在现实社会霸权主义的映射，究其原因与美国的“天赋使命感”和“美国例外论”有关。在这种民族情结的驱使下，美国在国际社会塑造了“世界警察”的形象，在技术优势的加持下美国理所应当地把这一形象推广到网络空间，牢牢掌握住国际互联网的制度性话语权。[①] 极端个人主义、自由主义和实用主义是美国文化的根本特质，这导致美国社会一贯具有反政府、反主流的冲动，在网络空间治理中政府的职能常被弱化，互联网巨头和公民意愿成为网络治理的主导力量。实用主义价值观使得美国在外交实践中常常出于维护自身利益的需要而忽视国际社会公德，在全世界面前表现出“双重标准”的无耻形象。作为西方国家阵营成员，欧盟和新西兰是美国意识形态和价值观方面的盟友，总体上倡导网络“自由”“平等”等价值理念，而对网络管制等“秩序”理念认同度低，且倡导将现有国际法的“普世”理念运用于网络空间，以维护自身的既有地位。

俄罗斯历来推崇强国主义、国家主义、社会团结和主权民主的价值观，在政治领域反对西方自由民主和霸权主义。在这种价值观的影响下，俄罗斯形成了国家权力介入，法律与行政相结合的网络空间治理思路，以政府为中心建构起维护网络安全的法律体系、执行体系和技术体系。为了打破美国在网络空间的霸权地位，俄罗斯积极谋求建立国际互联网安全新秩序，试图通过深化与中国之间的网络治理合作形成足以与美国相抗衡的力量，实现全球互联网领域权力结构的重新布局。

日本和新加坡在与西方国家的深度合作中必然受到其价值观的影

① 陈翼凡．中美网络空间治理比较研究［J］．公安学刊（浙江警察学院学报），2018（04）：61.

响，但是受到地缘格局限制和历史因素影响，又深受中华文化熏陶，因此，它们的价值观是东西方文化交流的产物，摒弃了西方国家强调竞争冲突、主张极端个人主义与自由主义的弊端，具有群体优先、和谐中庸的特色。[①] 正是受这种价值观影响，日本和新加坡在国内网络空间治理中强调政府干预与市场竞争相结合，在全球网络空间治理中积极促进国际多边合作机制形成，排斥用威胁慑止的方式进行主权扩张。

### （二）网络主权认知上的差异

当前，全球范围内对于网络主权的研究尚未形成共识，是否承认网络主权自互联网诞生之时起就成为国际组织、各国政府、学术界争议性的话题。根据网络空间权力分布，可以将国家行为体划分为网络发达国家和网络发展中国家两种。欧盟、日本、新加坡、新西兰基于网络的先发优势，归属于以美国为代表的网络技术发达国家；俄罗斯在网络技术、网络能力和网络基础设施上具有强大实力，归属于网络新兴国家。前者主张网络空间是全球公共领域，后者则认为网络空间具有主权属性。[②]

以美国为代表的网络发达国家在网络空间主权这一问题上采取“双重标准”。针对其他国家网络空间而言，发达国家推崇网络无主权论，亦即网络自由说，主张互联网应该是一种开放的、无国界的、完全自由的状态，而且互联网访问也不应受限制，主张超越民族国家界限。以美国为例，其对外宣称网络是全球公域，强调网络空间应该是全人类的共享空间和共同财富，认为网络空间的开放和自由是促进全球经济和社会发展的关键。然而，当涉及自身网络安全和网络监管等问题时，美国则认为网络是主权领域，即使网络基础设施是私营部门所有，国家也有权对网络进行管辖。美国的这种网络主权观念具有典型的内在矛盾

---

① 孙伟平．全球交往实践中的东亚文化价值观［J］．河南社会科学，2007（05）：134.

② 鲁传颖．主权概念的演进及其在网络时代面临的挑战［J］．国际关系研究，2014（01）：79-80.

性，背后蕴藏的是技术决定论和先占者主权的逻辑，其实质是为了减少网络主权对网络权的限制，在全球公域中建立霸权，以便更自由地收集他国信息和干涉他国的网络政策，夺取那些没有明确国家属性空间的资源和权力。凭借在强制性网络权和制度性网络权上的优势地位，网络发达国家可以在网络安全上对其他国家施加压力和威慑，随意涉足他国网络空间或控制他国的网络资源。

与信息发达国家不同，网络新兴国家普遍推崇网络主权论，认为网络空间具有明确的主权属性，并主张在四种网络权的基础上建立并行使网络主权。俄罗斯作为网络新兴国家之一，也是率先提出“网络主权”概念的国家之一，在网络主权上的认知具有一定的代表性。俄罗斯强调网络主权的重要性，认为网络空间的决策权是各国的主权，应尊重各国在网络空间中的主权；主张每个国家都有权根据国内法律管理网络空间，并设定自己的网络标准。网络发展中国家为维护自身在网络空间中的地位和权益，致力于打破信息发达国家的垄断优势。一方面，努力在网络技术、网络标准上取得竞争优势；另一方面，积极立法规范和限制境内外非国家行为体在网络空间中的行为。例如，俄罗斯严控外国资本的准入程序，从法律上排除了外资控股俄国网络公司的可能性。[①] 网络新兴国家对网络主权的追求反映了他们对自身网络发展利益的关注。他们认为网络主权是保护国家利益和维护社会稳定的重要手段，通过建立和行使网络主权能够在网络空间中更好地保护本国的网络信息资源，确保网络发展符合自身的特定利益诉求。

总之，信息发达国家和网络新兴国家在网络空间主权问题上存在的认知差异，集中表现为网络空间“去中心化”和“再主权化”的分歧。信息发达国家倾向于采取双重标准的网络主权观念，试图巩固自身的垄断优势，而网络新兴国家则追求网络主权，认为网络具有明确的主权属性，并通过竞争和立法等手段来保护自身国家利益和安全。这种分歧反

① 王路．世界主要国家网络空间治理情况［J］．中国信息安全，2013（10）：46.

映了不同国家对网络空间的理解和利益诉求的差异，也对全球网络空间治理提出了新的挑战。

（三）人才技术资源上的差异

网络安全治理依托于国家的技术实力，而技术发展则改变了国家之间的权力平衡。掌握先进网络技术的国家拥有超越他国的防御力以及将技术转化为经济发展和民生福利的能力。

美国作为互联网发源地拥有得天独厚的优势，同时美国政府也高度重视互联网产业的发展，在美国 1991 年发布的《国家关键技术报告》中所列举的 22 项关系国家经济安全的核心技术中与互联网产业相关的占了 8 项。随后美国政府从国家战略的高度谋划互联网产业发展路径，持续加大对互联网产业的政策支持力度，推动美国在互联网领域的技术和综合实力领先世界，成为唯一的网络超级大国。在软件生产方面，苹果、微软、甲骨文等众多实力强劲的行业巨头占据了世界软件市场的大量份额，加之大量中小型软件企业的发展，美国已然是全球软件生产强国。在网络硬件设施方面，美国掌握着计算机设备制造、芯片、存储等核心技术，对未来互联网技术的发展起着举足轻重的作用。在网络信息技术方面，美国的通信卫星、光纤通信、移动通信等各种互联网通信技术也处于领先地位，更有覆盖全球的商用和军用卫星。此外，美国还拥有丰厚的人才教育资源和高水平的网络空间安全培训和教育能力。

俄罗斯网络技术的发展最早可以追溯到 1952 年，苏联时期在军工部门率先进行的计算机技术研发。当时政府出于国防建设需要对计算机技术进行严密控制，这客观上阻碍了网络在苏联的发展。为增强国家的国防能力，俄罗斯最先在军工部门发展了计算机技术。1994 年 4 月 7 日，俄罗斯正式注册“. ru”顶级域名的管理权，标志着俄罗斯互联网技术的正式发端。而美国早在 20 世纪 60 年代就已经接入互联网并得到迅速普及，相比之下俄罗斯互联网发展进程缓慢。由于近年来的经济困境，俄罗斯难以承担关键信息基础设施建设、维护和升级所需的大量财力、物力、人力耗费，导致现在还未建立起包括管理、技术保护等在内的全面完善的网络安全系统，且社会信息化水平与西方国家还有一定差距。此外，俄罗斯网络信息安全领域专业人才空缺急剧增长，并且缺乏有效的网络安全领域专家培训体系。

欧盟在互联网发展初期，率先建立了数字化的雏形，普及了网络通信设施，在技术实力上与美国不相上下。但是，欧债危机的出现限制了互联网发展的资金和政策支持力度，导致欧盟互联网信息技术后继无力。与此同时，随着中国等新兴国家互联网技术快速发展，欧盟逐渐失去技术优势。在网络安全治理中，欧盟过分重视规制，倾向于通过建立规范和法律程序来确保网络安全；在技术研发方面的投入相对较少，导致缺乏创新的网络安全技术。技术创新能力低下、资金和政策扶持缺乏长期性、人才培养青黄不接限制了欧盟网络治理能力的发挥，也导致其发展前景堪忧。

日本政府在进入新世纪以后就出台了 IT 立国战略，在强调 IT 技术研究开发、IT 技术进步、信息产业发展和国际竞争力的重要作用的同时，强调了信息化发展的必要性和紧迫性，确立了信息社会建设的基本方针，并进一步引领和推进了信息社会的建设与发展。全面推进信息产业和 IT 企业的发展，以提高其国际竞争力。在 IT 技术和信息产业发展的基础上，为了普及 IT 技术和信息化产品的应用，开展信息化服务，日本政府在加强自身信息化和电子政务建设的同时，以互联网特别是超高速互联网的建设为中心，全面加强信息化基础设施建设。日本政府尤其重视培养 IT 人才特别是培养高层次 IT 人才，全面推进大中小学的教育信息化，全方位提升学生的信息化学习能力和知识水平。日本还学习借鉴美国的经验，放宽了国外 IT 人才的签证条件和在日留学生的就业限制，积极引进国外优秀 IT 人才。[①]

① 方爱乡．日本信息社会建设与发展的基本经验［J］．东北财经大学学报，2012（01）：93.

20世纪90年代，新加坡已经深刻认识到网络信息技术对国家发展和民生条件改善具有广泛而深刻的影响，推行了“信息技术2000年”计划和“新加坡全民网络”计划，使本国的网络基础设施建设和信息技术社会化进程走在亚洲国家的前列。新加坡是最早推出智慧国家发展蓝图的国家，先后提出“智慧城市2015”计划、“智慧国2025”十年计划、“国家人工智能核心”（AI. SG）计划等，极大地提升了政务、交通、医疗等社会建设领域的智慧化水平，成为国际智慧城市建设的典范。在人才培养方面，新加坡利用智能化技术革新教育方式，构建了完善的科研资助体系和人才制度保障体系，吸引和培养了大量海内外的网络技术人才，为推动本土互联网技术创新和数字产业的发展奠定了人才资源基础。[①] 新西兰国土面积和人口基数较小，但经济发达，政府高度重视网络信息产业发展，期望在2025年把信息产业打造为拉动国内GDP增长的第二大产业。新西兰聚焦数字产业发展，围绕技术创新与普及、网络治理规划与机制建设，采取的一系列举措，具备了较强的网络技术实力和相对成熟的网络治理经验，成为太平洋岛国区域网络空间治理领域的佼佼者。

## 第三节　对我国网络空间治理的镜鉴

当今世界，随着互联网快速发展而衍生的网络空间已成为继陆、海、空、天之外的第五主权空间，网络空间治理问题成为世界各国共同关心的热点问题。本节通过对美国、欧盟、俄罗斯等国的网络空间治理进行比较研究，分析其中存在的异同及其原因，为我国网络空间治理工作的持续健康发展提供了诸多有益借鉴。

① 韦倩青，宋丹．新加坡数字经济发展经验对广西的启示［J］．广西经济，2019（09）：46.

## 一、提升网络空间意识形态治理能力

互联网是意识形态传播的重要平台，成为意识形态斗争的重要场域。在我国全面深化改革开放和推进社会主义现代化建设事业的进程中，西方敌对势力借机利用网络空间扰乱我国公共秩序，意图动摇马克思主义意识形态在我国的主导地位。随着我国互联网的普及和信息化水平的提升，西方敌对势力的恶意不减反增。因此，要积极开展网络空间意识形态工作，以便在复杂的“颜色”斗争和博弈实践中，获得强大的、持久的话语权。

### （一）强化网络舆论的价值引领

价值取向表征着人们生活活动的核心价值和目标，对当代社会政治、经济和文化等领域的发展起着重要的引导作用。互联网技术的迅速发展使得海量的信息在全球范围内广泛传播，个人主义、自由主义等不良思潮也通过网络媒介传输到国内，影响着新一代中国公民的价值取向和选择。

第一，坚持马克思主义在网络意识形态领域的指导地位不动摇。改革开放后，中国综合实力的大幅提升使得以美国为首的西方国家深感不安，为了稳固自己的世界地位，西方国家开始对中国进行意识形态渗透，妄图发动“颜色革命”颠覆中国的社会主义政权。网络空间的跨域性、虚拟性等特质为西方国家进行文化入侵提供了便利的平台，相应地也加大了我国意识形态治理的难度。在如此复杂的国际形势之下，为了巩固马克思主义在网络空间的指导地位，必须建立符合网络社会需要的社会主义主流意识形态，要推动主流思想占据网络社会，要用马克思主义武装全体网民主体，积极提升网民的政治站位，以政治素养引导实践行为，提高网民同各种反动信息做斗争的积极性。

第二，推进网络主流意识形态的话语创新。话语是意识形态的载体，强大的话语创新能力能够为主流意识形态直面各种非主流意识形态的挑战提供强有力支撑。主流意识形态始终占据主导地位的关键在于要获得社会民众的认同，要坚持与时代对接、立足实践、植根群众的基本原则，创新网络主流意识形态的话语内容，提升网络主流意识形态的亲和力和竞争力。此外，还要准确把握网络信息时代政治话语的方向性、学术话语的科学性、网络话语的开放性和生活话语的通俗性之间相互融合的趋势，[①] 推动官方话语向民间话语转化、学术话语向生活话语转化、理性话语向形象话语转化、现实话语向网络话语转化，通过活化网络主流意识形态话语表达方式消弭认识与沟通上的障碍，使之更好地为广大民众认知、理解和接受。

第三，提升网络主流意识形态的传播能力。传播能力一定程度上决定了主流意识形态的辐射范围，推动主流意识形态深入人心必然要不断提升其传播能力。网络意识形态传播必须借助一定的话语平台，话语平台的建设质量直接关系到网络主流意识形态的话语权和传播力，因此必须加强国内主流新闻网站和政府门户网站建设，夯实主流意识形态传播的主阵地；完善多层级的自媒体话语平台，将主流意识形态与自媒体进行深度渗透融合，扩大主流意识形态的辐射面和现实影响力；拓展各类网络思想政治教育平台，实现在网络虚拟空间中对网民群体及社会大众进行有目的、有计划、有组织的教育实践活动，以提升人们的政治素养和道德品质。

### （二）完善网络空间的法律规制

放眼全球，积极推进互联网立法，加强依法治理互联网是世界各国的共识性选择。美国作为世界上最早发展互联网技术且始终保持领先地位的国家，也是最早推进网络立法和依法治网的国家。习近平总书记也

---

① 王岩．新时代我国主流意识形态话语权的建构路径［J］．马克思主义研究，2018（07）：65.

多次强调“要加快网络立法进程，完善依法监管措施，化解网络风险”①。网络意识形态安全工作离不开法制的保障，要切实推进网络空间的法制建设，强化网络监管，营造风清气正的网络空间，为我国主流意识形态的传播营造良好的网络环境。

第一，构建科学完善的网络意识形态治理法律体系。网络信息技术的更新迭代带来的是网络意识形态主体和行为的快速演变，如何在互联网技术的常变常新与法律的稳定性之间找到合理平衡点，成为实现保障公民权益与强化网络监管之间运筹平衡的关键。因此，要立足中国互联网发展的现实境况，贯彻中国特色社会主义法治理念，深刻把握依法治网的内在逻辑，科学借鉴发达国家依法治网的成功经验，推进互联网的基础性立法，实现保障网络行为主体表达权利与国家治理权威性之间的结构性平衡。在立法过程中还要遵循“法制统一”的基本原则，加强顶层设计和宏观指导，保持立法指导思想和行动步调的协调性、一致性，广泛听取民意、权衡各方利益诉求，最大限度夯实互联网立法的社会基础，为网络意识形态安全建设搭建起有章可循的法律保障体系和完备的法律框架。

第二，建立高效的网络意识形态治理法律实施体系。构建科学高效的法律实施体系是维护法律权威，提升网络行为主体法律意识，推进网络意识形态治理法治化的必然要求。作为网络意识形态治理的执法主体，行政机关如果不能严格执法，不仅会使法律的权威性遭受质疑，也会削弱法律的约束力和公信力。一方面，行政机关要采用公开化原则和常态化执法方式，建立网络安全治理专门机构，推进各部门之间的信息共享，提高执法效率。另一方面，要挑选精通网络知识技术的执法人员组建专业化的网络意识形态问题执法队伍，提高网络问题的判断能力和处理能力。此外，出于保障各类网络空间行为主体权益的考量，需要构

① 习近平．在网络安全和信息化工作座谈会上的讲话［M］．北京：人民出版社，2016：22.

建严密的网络意识形态安全法治监督体系，形成网络意识形态安全治理监督的全方位、宽领域覆盖，确保社会各主体依靠法定职责和程序对网络意识形态安全治理活动的合理性、合法性进行监督。

### （三）推进多元主体的协同共治

互联网的出现为多元社会行为主体搭建了一个即时性的互联、互动、互通的信息和观念交流平台，同时也为多元社会治理主体搭建起了一种深度耦合与相互依赖的网络存在结构。当然，这种新型的网络存在结构也意味着当代中国网络意识形态安全治理必须超越和突破传统管控型的治理模式，建构网络意识形态安全治理的多元共治模式。

第一，打造公开、平等的话语平台。公开、平等的对话平台是建构多元共治模式的基本前提，社会公众唯有在充分获得知情权的情况下才能形成有效的合作共治，要真正推动社会公众参与当代中国网络意识形态安全治理这项实践运动，首先政府必须坚持“公开是原则，不公开是例外”的执政理念，依据《政府信息公开条例》的相关规定，按照既定的程序及时公开关于社会重大公共问题和事件的相关信息，加快推进信息基础设施建设和电子政务的制度化建设，落实权力清单制度，搭建与社会公众平等对话交流的话语平台，从而从根本上改变信息自上而下单向传递的传统模式，实现话语权的平民化，拉近与社会公众的心理距离，形成最大限度的重叠共识。

第二，构建多元协同的网络空间治理模式。单纯依靠政府的一己之力很难全面解决网络空间错综复杂的矛盾，必须加快构建多元协同的网络治理模式。在马克思主义国家观和方法论的指导下，我国打破了西方自由主义语境下的单一治理话语结构，努力拓宽有为政府、有效市场、成熟社会和现代公民等多元治理主体合作共治的实践场域，形成了党委领导、政府负责、社会协同、公众参与的网络治理基本工作格局。这种具有中国特色的现代治理范式，强调通过政府—市场—社会—公众之间的协同合作解决网络空间中的各种问题和挑战，旨在更好地保障网络空间中各主体的权益，实现社会动态发展与和谐稳定的愿景。

第三，凝聚网络意识形态多元主体协同治理的强大合力。在网络意识形态多元协同治理模式下，要坚持党委领导、政府主导的治理方式，全面落实好网络意识形态工作责任制，提升各级党政机关和领导干部的网络意识形态治理能力；要压实压紧互联网企业的主体责任，发挥网络行业组织等社会力量的作用，打造能力强、素养高、立场坚定的“红色意见领袖”队伍和网络评论员队伍，健全基层网民自治机制，提升网民主体的道德素质与法律素养。

## 二、强化网络空间安全的技术保障

网络技术对信息传播方式和社会生活方式的颠覆性改变促使人们重新审视传统的国家安全治理，进而衍生出网络空间安全治理。网络空间具有国家主权的属性，“没有网络安全就没有国家安全”①。以美国为首的西方发达国家凭借互联网技术的绝对优势，通过网络传播媒介向信息技术欠发达地区进行意识形态渗透，意图颠覆他国政权。从这种层面上可以说，对于网络信息技术的掌控程度直接影响国家行为体在网络场域竞争中的主动权。

### （一）注重网络核心技术的研发创新

改革开放40多年来，我国的科技实力得到大幅度提升，但是与以美国为首的西方资本主义国家相比，在网络核心技术领域，我国仍存在网络核心技术受制于人、企业重引进轻消化、创新能力不足等问题，尚未摆脱被西方资本主义国家“卡技术脖子”的局面。2018年美国对中兴通讯公司进行芯片核心技术制裁，使我国深刻认识到掌握网络核心技术创新能力是掌握国际竞争主动权的根本基础。

第一，加快顶层设计，实现资源配置最优化。加强网络核心技术创

---

① 中共中央文献研究室编．习近平关于全面建成小康社会论述摘编［M］．北京：中央文献出版社，2016：141.

新能力离不开政策、技术、市场等多方因素的共同作用，需要加强顶层设计，实现资源配置的最优化。在政策层面，国家需要制定战略性规划和安排，为互联网公司提供资金援助和政策支持，弥补网络核心技术研发周期长、投入大、成果转化慢等缺陷，降低企业的研发风险。在技术层面，应该秉持包容开放的原则深化同国外高科技企业的交流合作，通过引进外国先进技术，可以加快我国网络关键技术的发展，提高我国在全球网络技术领域的竞争力。习近平总书记指出："科研和经济不能搞成'两张皮'，要着力推进核心技术成果转化和产业化。"① 在市场层面，需努力推动核心技术的现实转化和产业化，优化完善科研机构、高校和企业合作的"产学研"体系，打破组织机制、学科、行业之间的壁垒，以实现资源配置的最优化。

第二，加快网络安全技术人才队伍建设。人才是国家的核心竞争力，优秀的网络技术人才是国家网络安全建设的基础。当前我国互联网人才队伍存在核心技术人才缺乏、素质能力不足、结构性失衡等问题，培养专业的网络安全技术人才队伍刻不容缓。国家需要完善网络技术人才框架，制订符合当前需求的人才培养计划，并规范网络人才的评价机制，推动建立合理的网络安全人才资格认证和行业评价标准。为了推动人才队伍的建设，政府、企业、科研机构和高校需要加强有效的合作，建立起"产学研"一体化的协作机制，充分利用各方的资源和优势，共同推动网络安全人才的培养和发展。为了有效解决人才队伍的结构性失衡问题，需要充分发挥市场在网络人才资源配置中的决定性作用，摒弃行政化的网络人才评价方式，通过市场机制的引导提高人才培养的针对性和适应性，有效解决人才队伍的结构性失衡问题。

### （二）推进互联网技术军事化进程

网络信息技术对传统战争的颠覆性改变使得国际社会越发重视网络

---

① 习近平．在网络安全和信息化工作座谈会上的讲话［M］．北京：人民出版社，2016：14.

空间的军事行动，推动网络信息技术研究向“军事化”方向发展。近年来，基于军事目的的网络冲突频发，以美国为首的西方发达国家网络战略体系中的军事和国防要素占比不断攀升，网络武器研发进入白热化阶段。在此背景下，中国必然要将发展网络技术、增强信息优势作为国家安全建设的重要方向，持续推进互联网信息技术的军事化进程。

第一，要加快构建以新型信息化军事武器和技术为基础的网络防御系统。网络空间的信息战主要分为两大类：一类是通过向士兵和民众进行价值观倾销、文化渗透等方式，侵占敌方的意识形态领地；另一类是利用网络攻击技术破坏敌人的信息传播和信息控制系统。在国际网络空间竞争态势愈演愈烈的时代环境下，中国要维护自身网络安全，必然要聚焦提升网络防御能力，加快布局网络空间先进技术，运用军事手段构建网络信息系统，加大外部攻击本国网络系统的难度。

第二，要组建一支政治素养高、作战能力强的信息部队。网络空间实质上是人为控制的虚拟空间，其对人的依赖程度较之传统生活空间而言更高，只有充足的网络人才才能保证充裕的网络资源。一方面，以美国网络司令部为例，中国现在需要做到在国家战略上整合网络资源、优化网络安全环境、建立网络部队。中国是互联网大国，拥有丰富的网络资源，但是这些资源相对分散不集中，无法统一管理是其中的一大缺陷。2011 年 5 月，中国国防部承认建立“网络蓝军”用以维护本国网络安全。但是随着美国网络战步伐的逼近，中国军方对于网络战认识愈加明确，完善解放军作战时的计算机网络行动战略和提高整合各种能力的战略水平，组建一支高效的网络作战部队这一任务应该提上日程。另一方面，中国要像美国一样高度重视提高个体军人的网络技术水平，应该通过合理的薪资和待遇以及其他各种方式来吸引网络空间的专业技术人员服务国防军事建设。在军队院校和专业技术机构开展集中教育和培训，为国家培育高水准的军用网络技术人员。此外，还可以和陆海空实战演习一样举行网络演习训练，通过实战来提高相关网络技术人员的应变能力和对抗技能。

（三）培养攻防兼备的技术防御意识

自1994年正式开始进行互联网建设以来，我国享受了互联网高速发展带来的巨大收益，但同时也面临着美国互联网霸权、意识形态渗透等威胁和挑战。俄罗斯的“断网”测试使我国深刻认识到，要想化解美国的技术遏制、网络攻击、意识形态渗透等风险，必须采取积极主动的网络安全攻防理念和举措。2016年4月19日，习近平总书记在网络安全和信息化工作座谈会上提出积极主动的攻防兼备观，为实现我国网络安全有效治理提供了新方略。①

第一，在网络顶层设计方面，应与其他国家进行网络空间合作，共同促进网络空间命运共同体建设。推进《互联网主权》等网络安全法案、全球互联网规则的出台，加强各国之间的沟通与交流、完善网络空间对话协商机制，使全球互联网治理体系更加公正合理，更加平衡地反映大多数国家意愿和利益。第二，在基础设施方面，需要强化网络关键基础设施建设，保证硬件、软件设备自主可控，实现网络基础设施免于网络攻击。一方面，我们可以借助“一带一路”，强化和其他国家之间的互联网基础设施建设，推动互联网的进一步普及，让其他国家共享互联网发展的成果；另一方面，加强信息的互联互通，打破各国信息壁垒、信息垄断，缩小不同国家、地区之间的数字信息鸿沟，让更多国家共享互联网发展带来的数字信息红利。第三，强化网络安全的常态化攻防演练，有效化解网络安全风险。应建立国家级的网络攻防试验场，并逐步形成体制机制，进而上升到法律层面。以上的举措都是使网络安全由被动防御到积极攻防的具体措施，有利于将网络安全治理的主动权掌握在自己的手中，进一步实现网络意识形态安全的有效治理。

---

① 习近平．在网络安全和信息化工作座谈会上的讲话［N］．人民日报，2016-04-26(02)．

## 三、将多方机制和多边机制有机融合

受多种因素影响，世界各国的网络空间治理策略不尽相同。根据政府在网络空间治理中发挥的作用不同，全球主要的网络治理模式可以分为两种：多方模式和多边模式。[①] 随着全球多极化趋势不断深化，国际政治环境发生一系列变化，我们既要看到两种模式的对立，又要从两种模式之间“二选一”的误区中解脱出来，只有将两种模式有机融合，才能更好地把握网络空间治理的规律。从现实角度来看，这对于化解国内与国际社会之间的分歧、解决我国网络空间治理中存在的问题具有重要意义。

### （一）多方机制和多边机制的对比研究

多方机制与多边机制两种模式的根本区别在于政府在治理过程中所发挥的作用以及地位的不同，具体表现为以下几个方面。

第一，从治理主体的角度来看。美国政府为巩固其地位，提出以网络自由为主张的“全球公域说”，实行“多利益攸关方”的治理模式，因而以美国为主导的欧美国家倡导的是一种“共同治理”“去政府”为核心的多方治理模式。因此，多方模式着重强调了网络环境下治理主体多样化的问题，指出了网络环境下不同的治理主体之间的地位是对等的，没有统一的权力中心。多边模式认为，作为空间治理的主体，政府在整个空间治理体系中处于核心地位。政府是空间治理最主要、最基本、最关键的主体，它既是空间治理的主导力量，又是治理过程中各种力量交互作用和相互制约、相互平衡与协调的核心。例如中国实施的互联网+医疗、数字扶贫等一系列工程都是在政府主导下多边模式的体现。

第二，从治理机制的角度来看。多方模式采取由下至上的治理体

---

① 崔保国．网络空间治理模式的争议与博弈［J］．新闻与写作，2016（10）：23.

制，同时在此基础上，各个利益相关方通过协商协作的方法，在互联网上以一种平等的方式参与网络技术的开发和公共政策的制定，例如在美国的网络空间治理中，国家行为体扮演着关键角色，国家行为体与非国家行为体存在着广泛的互助合作与交流。多边模式实施从上到下的管理机制，并且十分注重利用政府的权力，通过政策的制定与执行来实现对网络问题的治理，这就具有很强的中央集权性。

第三，从决策机制的角度来看。以美国为主导的部分国家所倡导的多方模式的政策制定是在各个利益攸关方的一致意见基础上进行的。同时在此基础之上形成了涵盖治理主体间的交互作用，经过多层次多轮的交流和磋商后达成共识的协商机制。需要指出的是，多边模式的决策机制基于政府的强制性。政府采取的是强制的行政手段进行治理，而其他的治理主体则是被动地执行着政府的决定。

### （二）树立正确的思维方式

当前多方模式和多边模式的对立状态，一方面与国内外对中国网络空间治理的认识呈现出一种片面而宽泛的固有认识有关，另一方面也是与中国长期以来对网络空间治理的表述相关，这一现象已成为一种自我约束，甚至是误导他人的最大的“陷阱”。只有放下“二选一”的“或”的思维，学会两者优势互补的“与”的思维，才能豁然开朗。

外界迷惑的根本原因在于，我们至今对多元格局的认识还不够清楚，甚至想当然地认为，多元格局与我们所提倡的多边格局并不相符。其实，习近平总书记在2015年乌镇第二届世界互联网大会的主题发言就已经对此定了调，明确中国政府的态度：积极倡导国际社会在相互尊重、相互信任的基础上，坚持多边参与、多方参与，发挥政府、国际组织、互联网企业、技术社群、民间机构、公民个人等各个主体作用，共同应对网络犯罪、网络恐怖主义等诸多风险挑战，推动制定反映绝大多数国家意愿和利益的网络空间国际规则，共同推动互联网的健康发展。[①] 不管是多方模式还是多边模式，在网络空间具体治理实践中，不同治理领域均有着发挥主导作用甚至决定作用的主体。[②] 中国应该逐步认识到两种治理模式的共同性，不过于强调两者的独特性，及时转变观念，摒弃传统的二元对立观念，树立全球视野，谋求国际共识。

### （三）加强多元治理主体的培育

我国对网络空间治理多方平台参与的探索进行得很早，但是持续性不够，也没有形成系统性的经验积累，与中国在国际互联网治理中的“网络大国”地位完全不相称。鉴于此，我国政府应当努力消除国际社会对于中国互联网治理立场的重大误解，进一步加强同各利益攸关方的交流与合作，提高我国在网络空间中的影响力。

在国内网络空间治理中，要积极培育多元化的互联网治理主体，增强参与全球互联网治理体系多元供给主体的国际输入能力。[③] 一是要努力消除国际社会对中国互联网治理立场的重大误解。二是要鼓励支持技术社群、学术界和私营企业走出国门，到国际舞台上发声。发挥非政府力量在多边事务中的影响力，使其更具包容性。阿里巴巴董事长马云被选为“全球互联网治理联盟”的委员及联席会长，就是一种很好的尝试。要对非营利组织进行积极的培养，同时也要创造一个宽松的环境，让非营利组织和专家学者等供给主体能够在各种国际组织和国际会议上发表意见，提升我们在世界互联网治理系统中的技术服务和公共政策的公共物品供应比例。

## 四、打造具有中国特色的国际话语体系

近年来互联网技术不断深入发展与应用，网络空间逐渐成为争取国

---

① 习近平谈治国理政（第二卷）[M]. 北京：外文出版社，2017：532-536.

② 李艳. 2016 年网络空间国际治理进程回顾与 2017 年展望 [J]. 信息安全与通信保密，2017（01）：25.

③ 杨峰. 全球互联网治理、公共产品与中国路径 [J]. 教学与研究，2016（09）：57.

际话语权的全新战场。随着对网络空间国际话语权认知不断深化，中国率先提出了构建新型国际关系、构建人类命运共同体等具有中国特色的一系列重大倡议。但是中国争取网络空间国际话语权面临内外双重困境，这一方面是由于西方在互联网上的强大话语权所造成的压迫，另一方面是由于我国自身实力的欠缺，使对外传播实效低下。鉴于当前国际话语权对中国网络空间治理的重要性，以及中国面临的两难处境，政府、专业传媒、社会三方应积极参与，各司其职，各尽其能，形成一股强大的力量。

### （一）政府路径：建设国际性话语传播平台

话语平台是连接话语传播者与话语对象的媒介，任何话语都需借助话语平台才能传播至受众面前，因此构建多元化的话语传播平台是提升中国国际话语权的重要途径。不论是构建话语传播平台，还是争取规则制定权，政府都起着举足轻重的作用。

第一，就媒体平台而言，中国有必要在政府的指导下，强化互联网媒体的系统性整合，弥补中国在国际交流方面缺少国际主流媒体平台的缺陷。同时，政府要在政策、资金、技术等方面给予民营网络传媒平台一定程度的扶持，逐步放宽对其采访权的限制。商业网站因为属于《互联网新闻信息服务管理规定》中的“二类资质”，所以，它们只有转发的权利，而没有采访的权利。① 因而逐渐放宽对其采访权的限制，将会进一步激发民营网络媒体平台灵活高效的传播优势，从而促进其在传播语言、传播内容和传播形式上的创新。因而要以具有中国特色的网络平台面向世界，向全世界传播中国话语，最大限度地缩短与世界群众的距离，增强国际认知度和权威性。

第二，对于中国政府而言，要突破传统思想，拓展国际交流平台，不仅要强化网络媒体平台的集成和完善，更要注重非官方平台的重要作

① 赵惜群，王浩，刘宝堂．提升我国网络媒体国际传播力的路径探析［J］．中州学刊，2015（12）：175.

用。目前，各类国际会议、民间机构等都是中国当前需要发展和运用的国际交流平台，因而中国政府应该增强自己的“软实力”，积极参加各类网络建设和治理方面的国际研讨会，比如信息社会世界峰会、国际电信世界大会等，其中，以欧美为首的互联网会议是中国应着重参与的网络话语交流平台。只有这样，中国的各种概念和说法才可以在互联网平台上准确地传达给西方受众，避免西方媒体从中歪曲中国话语。

### （二）媒体路径：革新网络国际传播方式

媒体是中国对外传播的主力军，在网络世界争取话语权时，必须突出媒体的专业属性，才能更好地发挥其在国际上的影响力。近年来，欧盟逐渐重视通过各种手段来监督完善媒体这一网络传播渠道，这一行为对于我国革新网络国际传播方式、提高话语认可度具有重要借鉴意义。

第一，对网络媒体国际传播的思维方式进行创新。思维方式的更新是行为模式转变的前提条件，中国媒体想要在网络空间的国际舆论局面中占有一席之位，就需要改变传统固有的思维方式，进行思想方式上的创新与转型，进而将其运用到具体的对外传播活动之中。一方面，中国媒体在国际传播中要转被动为主动，确保中国对突发事件的反应及时有效。另一方面，中国网络媒体需强化大数据思维。“大数据”思维是指在制定或调整网络媒体的国际传播战略时，不能只依赖于传统的小样本量的主观经验或者问卷调研，而应该依赖于大数据的分析。对于中国的互联网媒体来说，要充分发挥“大数据”的作用，提升自己的“国际话语”含金量和实际传播效力。基于大数据，中国网络媒体能够准确地对海外观众进行定位与分析，从而掌握国际上不同地域受众的特征与需求。所以，作为中国对外交流的主要媒介，中国网络媒体最迫切的任务就是利用大数据，在全世界范围内收集、存储用户数据，并构建数据库，通过对国际受众的调查，根据其不同特征，有针对性地制作和传播信息，从而确保信息的准确与高效。

第二，积极回应国外受众群体的信息诉求。作为中国对外传播的直接对象，也是传播效应的终极体现者，国际受众群体对中国对外传播信息的理解与感知水平，将直接影响到我国话语对外传播的实际成效。为此，中国媒体只有在对国外受众特征、信息需求等进行全面把握的前提下，才能最大限度地发挥其传播效应。首先，要强化对海外观众的细分研究，准确掌握观众的信息需求。与国内传播不同，国际传播是针对全球受众的传播，而全球受众又因来自不同的国家和地区，拥有不同的文化背景、风俗习惯和思维方式，这使得中国在现实的国际传播中很难满足每位受众的信息需求，从而严重影响了中国话语在国际社会的传播效果。因而中国应从多渠道加大对海外观众的追踪和研究，在调查的基础上，实现对海外观众的精细化分类，从而达到对国际受众的精准传播。其次，要拓宽受众对信息的反馈渠道，增强和受众的互动。通常而言，“受众的反馈是传播效果最直接、最真实和最权威的检验和衡量标准”①。网络的发展不但扩大了信息的传播平台，还使信息传递双方的身份和作用发生了根本性变化，受众不再满足于点对点的单向信息传递，而要寻求一种双向交互的信息传播方式。中国可以通过设立线上平台、公布记者的邮箱以及在每篇网络报道下方设置专门的交流平台等方式，为国外受众提供更加丰富的互动平台，进而以一种更为直接的方式将中国的观念传达给国际受众，从而使得中国的真实面貌逐渐地走进国际受众的视野。

### （三）民间路径：用民间话语补充官方话语

提升中国网络空间中的国际话语权不仅需要政府主导、专业媒体的运作，同时也需要运用民间话语对官方话语进行有效填充，构建起更加具有中国特色的国际传播话语体系。相对于官方话语体系，来自民间的话语和实践会创造出更强的心理接近性，因此，我们要充分利用好官方和民间两个网络传播平台，用民间话语补充官方话语，构建起更加具有

① 吴海燕．受众本位视角下当代中国价值观念国际传播策略研究［J］．云南社会主义学院报，2016（03）：102.

中国特色的国际传播话语体系。

第一，积极发展网络民间外交。如今在争取网络空间的国际话语权时，不仅要着重发挥政府的主导作用，还要更加凸显出民间力量的重要地位。互联网时代，人人都是信息的传播者，人人面前都有麦克风。Anti-CNN 网站就是民间组织的典型例子，该网站的最终目的就是还原事件本身的真相，有力抨击部分西方媒体对中国的扭曲报道。作为政府网络外交形式的有机补充，网络民间外交在中国争取网络空间国际话语权中具有“补充”和“缓冲”的功能效果。同时，在官方话语不便发声或者发声效果十分微小时，网络民间外交在某种程度上也可以弥补官方话语的信任危机，因为来自民间的话语体系通常来说更加容易赢得国外受众的信任与支持。比方说，有关新疆西藏等一系列较为敏感问题的国际传播，通过民间渠道的话语体系传播往往能产生事半功倍的效果。因此，积极发展民间网络外交，提高民间话语在中国对外话语体系中所占比重，对于深化中国话语体系在国际社会中的可信度具有十分重要的意义。

第二，提升中国民间话语主体的网络素质。中国作为一个网络大国，拥有庞大的互联网用户群体，但是长期以来国际社会对于中国网民的印象往往是偏于激进、容易情绪化，因此发展网络民间外交需要提高中国网民的整体网络素质，强化对网民的管理与引导，推动中国网民在国际社会上的形象转变，进而实现民间话语对官方话语的有效补充。从内部来看，中国网民要提高对社会热点事件的理性判断，同时加强对网络外交基本知识的学习，以便在网络外交中能灵活应对各种复杂问题和状况；从外部因素来看，国家要引导中国网民不断拓展网络国际视野，从侧面入手，为中国赢得网络国际话语权。这就要求中国民间话语主体不仅要关心与中国相关的热点事件和话题，还要把视野投放到整个国际社会普遍关注的话题上，例如环境污染、信息安全，中国网民可以通过网络平台将相关话题的“中国方案”及时地传递给国际社会，为中国创造更多争取话语权的机会。

中国是一个在国际上正在快速崛起且备受瞩目的国家，但其话语弱势的状况却制约着自身的国际影响力。然而，随着网络的发展，中国在网络空间中的国际地位也出现了新的变化。不可否认，互联网的发展对当前西方话语体系造成了一定的冲击和挑战，但在短时间内，长期形成的“西强我弱”的国际格局难以改变，因而中国争取网络空间国际话语权任重道远，这期间不仅需要中国政府的引领规划，更需要各方力量的共同努力。

# 第六章

# 构建网络空间命运共同体

当前，网络空间全球治理进入深度调整的关键时期，构建全新的网络空间规则体系成为世界各国需要共同面对的一项紧迫而艰巨的任务。习近平总书记着眼于全球网络空间治理的发展大势，旗帜鲜明地提出构建网络空间命运共同体的理念主张。构建网络空间命运共同体是顺应时代发展潮流、重构全球网络空间秩序的迫切需要和回应中国互联网国际地位的时代呼唤。我们应当正确看待历史成就，积极应对现存挑战，在发展共推、安全共维、治理共参、成果共享的路径中推动网络空间命运共同体的建构与发展，拓宽人类命运共同体的实践场域。

## 第一节　构建网络空间命运共同体的必要性

网络时代的到来给人类社会带来了巨大的变化。一方面，互联网作为人类文明的伟大成就，推动着各国政治、经济、文化、社会的发展和进步，在各国发展中发挥着越来越重要的作用。另一方面，网络空间中的风险挑战逐渐增多，网络空间治理面临着前所未有的困难。在此背景下，习近平总书记就国际网络空间治理发表重要讲话，提出构建网络空间命运共同体的理念，指出互联网是人类共同家园，各国应合作构建网络空间命运共同体，推动网络空间共建、共治、共享，为人类美好未来的开创做出贡献。

## 一、顺应信息化时代发展潮流的必然选择

“互联互通是网络空间的基本属性，共享共治是互联网发展的共同愿景。”① 随着全球信息技术的高速发展，互联网已经渗透到人类的日常生活之中。网络信息技术经过不断的更新换代升级，不仅使我国的经济发展模式得到了极大的改善，还突破了过去信息时代的时空限制，促使人与人之间的联系越发紧密。随着21世纪全球新兴科技革命和产业变革加速，互联网让世界变成了“地球村”。

第一，互联网是人类社会发展的重要成果，是人类文明向信息时代演进的关键标志。信息化是经济全球化的基础和条件，信息化与经济全球化相辅相成、相互促进。首先，随着网络信息技术的迅猛发展和在全球范围内的广泛应用，人类社会已经进入了网络空间发展的新时期，同时也正经历着网络秩序重构的新阶段。2023年8月28日，中国互联网络信息中心在京发布第52次《中国互联网络发展状况统计报告》。报告显示，截至2023年6月，我国网民规模达10.79亿人，互联网普及率达76.4%。据咨询机构Kepios最新报告显示，现在全球共有近50亿（48.8亿）人活跃在社交网络上，同比增长3.7%，占全球人口的比例已经达到60.5%。此外，全球范围内的社交网络用户数量正在接近全球网民数量，后者总数为51.9亿人，占全球人口比例的64.5%。报告还显示，世界各地的社交网络用户平均使用7个平台，用户每天花在社交网络上的时间相较往年也增加了2分钟，达到平均2小时26分钟。网络空间作为全人类共同生活的精神家园，同现实社会一样，既提倡自由平等的交流权利，同时也要以良好的网络秩序作为自由交流的前提与保障。其次，网络的特征在于其强大的聚集性和联通性。随着信息技术在

① 中华人民共和国国务院新闻办公室．携手构建网络空间命运共同体［M］．北京：人民出版社，2022：3.

国民经济各个领域广泛应用，互联网已经融入社会生活的方方面面。网络空间的发展为人们的生活提供了一个崭新的平台，教育、医疗、政务等活动可以由线下转入线上，从而为人们的生活提供了便利，为社会发展增添了活力和多样性，深刻改变了人们的生产和生活方式。一方面，服务业等已开始引入网络，进行数字化转型；另一方面，随着电商平台等新型产业的迅猛发展，人们的日常生活也愈加便利。“互联网+”模式和物联网正改变着世界经济的发展方向，提供了大量就业机会。由此可见，从通信网络、计算机软件到互联网，从电子商务到智能家居，网络信息技术都在以惊人的速度改变着人们的生活方式。同时，互联网也为广大网民提供了一个信息交流和传播的平台，对社会大众的思想观念、价值观产生了巨大的影响。

第二，资源的共建共享是网络空间发展的常态，有利于实现互利互惠，推动网络空间的合作共赢。随着信息技术的飞速发展，各国网络资源的共建共享已经成为国际社会共同追求的重要目标。“共商共建共享”原则是习近平总书记所倡导的全球治理观的核心内涵，其本质是强调不同社会制度、不同意识形态的国家之间“坚持对话而不对抗、拆墙而不筑墙、融合而不脱钩、包容而不排他，以公平正义为理念引领全球治理体系变革”①。不同的国家、民族、宗教、文化等均是互联互通的网络资源共同体，构建网络空间命运共同体已成为世界各国实现网络资源共建共享的重要途径。网络资源共建共享，推动着国家间的有效协作、技术资源的及时交换和企业之间的跨国界计划得以迅速执行，有利于国际社会共享网络空间发展的优秀成果。网络空间是人类文明交流互鉴的重要场域，不同文明之间相互交流、相互碰撞、相互借鉴。近年来，随着新一轮的科技革命和产业转型的深入，互联网新技术、新应用和新创业模式不断涌现，全球经济正在加速向网络化、信息化迈进。移

① 付晓．习近平在庆祝中国国际贸易促进委员会建会70周年大会暨全球贸易投资促进峰会上发表视频致辞［J］．中国会展（中国会议），2022（10）：14.

动互联网设备让我们更容易接触和了解各种文明。在这样的环境中，多元文明之间不断交流融合，使得“和而不同”这一人类共有的文化特质得到提升。

第三，网络发展的落脚点在于互联，网络信息的价值在于互通。各国之间网络信息和网络技术的频繁交流与互动，对各国的网络基础设施建设提出了更高的要求。习近平总书记在第一次全球互联网会议上所致的贺信中指出互联网已经成为创新驱动发展的先行力量。互联网让我们的生活变得更便利，生产更有效率。构建网络空间命运共同体需要在多个关键技术上分步实施，而现实中，只有少数具备较高科技水平的国家才能掌握关键技术。因此，各国应在合作中谋求发展，实现优势互补、互利共赢。一方面，“不同国家和地区在互联网普及、基础设施建设、技术创新创造、数字经济发展、数字素养与技能等方面的发展水平不平衡，影响和限制世界各国特别是发展中国家的信息化建设和数字化转型”①。因此，若要推进世界网络空间的技术进步，就必须加快构建网络空间命运共同体。另一方面，国家安全和社会稳定，离不开网络安全，也离不开网络空间的共同防御。在网络空间，国家之间的较量直接关系到国家政治安全、文化安全和意识形态安全。为此，我们需要加强各国之间的互联互通，共享信息和情报。习近平总书记多次表示，当今世界的发展并非零和博弈，“天下兼相爱则治，交相恶则乱”，网络层面的合作也应当如此。各国必须坚持同舟共济、互信互利的理念，摒弃“赢者通吃”的思维方式，以合作促进发展，以发展带动合作，缩小数字鸿沟，让信息资源在全球充分涌流。

综上所述，网络空间日益成为信息传播的新渠道、经济发展的新引擎、国家主权的新疆域。互联网既是世界交流交往的重要平台，也是人类文明进步的重要载体。在信息化快速发展过程中，“我们要把思想和

① 中华人民共和国国务院新闻办公室．携手构建网络空间命运共同体［M］．北京：人民出版社，2022：5.

行动统一到以习近平同志为核心的党中央决策部署上来”①。人类若要在高速发展的网络空间中保持韧性，直面风险挑战，就必须要通过有效途径推动构建网络空间命运共同体。

## 二、重建全球互联网空间秩序的迫切需要

“网络空间超越国界，超越现实空间的地理边界，没有传统的领土、领水和领空等几何边界。”② 然而，网络空间的治理仍然是一场竞争与合作的博弈。随着各国对网络空间主权意识的逐步觉醒，网络空间治理问题日益复杂，涉及领域逐步扩大，各种机制也逐步增多，传统的地缘政治要素在网络空间中不断被引入，“数字鸿沟”在不断拉大，网络空间治理理念的博弈日益加剧，治理机制的总体发展也变得更加复杂。

第一，网络恐怖主义蔓延，部分国家实行网络霸权主义。随着互联网技术的持续发展，其在为人类的生产和生活带来便捷的同时，也“开辟”出了一个新的空间，逐渐成为恐怖分子新的宣传途径和进行恐怖活动之地。网络恐怖主义是人类进入网络时代后产生的新现象，这主要表现为“以网络为媒介实行恐怖袭击的心理战、宣传战，以及以网络为攻击目标进行网络恐怖袭击战”③。网络恐怖主义活动的发起者并非仅仅是“网络与恐怖主义相结合”的产物，而且还带有极端政治目的。首先，网络恐怖主义活动的发起者或为恐怖组织或受雇于恐怖组织而从事此类犯罪活动的“黑客”。其具体活动主要表现为网络恐怖宣传、网络攻击与破坏、为网络恐怖活动筹措资金等，对社会治安造成了严重的威胁。其次，发达国家往往利用自身的权力优势将本国意志强加

---

① 庄荣文. 深入贯彻落实党的二十大精神 以数字中国建设助力中国式现代化 [N]. 人民日报，2023-03-03 (10).

② 夏立平. 构建网络空间命运共同体：意义、内容与影响 [J]. 人民论坛·学术前沿，2023 (10)：88.

③ 程聪慧，郭俊华. 网络恐怖主义的挑战及其防范 [J]. 情报杂志，2015 (03)：12.

给发展中国家。受恐怖主义影响较大的美国人，在应对网络恐怖主义问题时，自然也是毫不手软、坚决打击。而美国面对同盟国遭遇网络恐怖主义的袭击时，也会协同盟国遏制网络恐怖主义。但其对待非盟国则采取双重标准：一方面，对非盟国实行“不干涉”原则；另一方面，为阻挠非盟国打击网络恐怖主义，暗中支持恐怖主义，甚至提供资金等帮助。“除此之外，‘棱镜门’事件也充分暴露了美国利用其在网络空间的权力侵害其他国家利益，干扰他国内政以求自身绝对安全的事实。”[①]网络安全是全球面临的挑战，“没有哪个国家能够置身事外、独善其身，维护网络安全是国际社会的共同责任”[②]。由此，为有效遏制网络恐怖主义的蔓延，维护各国网络安全，必须适时推动构建网络空间命运共同体，充分尊重各国人民自主选择的网络发展道路、网络管理模式、互联网公共政策，尊重各国平等参与国际网络空间治理的权利。

第二，“数字鸿沟”不断扩大。2001年经合组织（OECD）在《理解数字鸿沟》的报告中，将数字鸿沟定义为“个人、家庭、企业、不同社会经济发展水平的地区在享用信息技术的机会以及利用互联网从事各项活动的水平之间的差距”[③]。换言之，数字鸿沟是不同主体在信息通信技术获取和利用信息资源方面存在的差距所造成的信息贫富分化问题。一方面，我国与发达国家之间、国内各地区之间均存在着明显的数字鸿沟，“这个数字鸿沟是当前影响我国社会和谐健康发展的重要因素”[④]。预计全球数字鸿沟将在未来很长一段时间内影响世界和地球的发展。造成全球数字鸿沟的原因是复杂而普遍的，对世界的影响也是多样而深远的。如贫富两极分化、国际安全与网络安全受到威胁、国际竞

① 祝新宇．构建网络空间命运共同体的问题与路径研究［D］．北京：北京邮电大学，2021：56.

② 中华人民共和国国务院新闻办公室．携手构建网络空间命运共同体［M］．北京：人民出版社，2022：6.

③ 陈红星．基于信息理解的数字鸿沟［J］．图书馆学研究，2008（02）：96.

④ 李昭晖．论数字鸿沟的产生、发展及消亡［J］．情报探索，2010（02）：94.

争失衡等。随着全球数字鸿沟的扩大，全球发展的不平衡性将进一步加深，给经济比较落后的国家带来严重的政治、经济等问题，使其在数字时代的高速发展中严重落后，进而危及整个世界的健康发展。另一方面，随着网络等信息技术在世界范围内的普及，“数字鸿沟”呈现出越来越复杂的特征。全球数字鸿沟问题最直观地体现在数字经济上，中国信息通信研究院发布的《全球数字经济白皮书》（2022），选取了全球具有代表性的47个国家来进行研究。2021年，发达国家数字经济规模为27.6万亿美元，占47个经济体数字经济总规模的72.5%，发展中国家数字经济规模为10.5万亿美元，占47个国家数字经济总量的27.5%。数字经济的蓬勃发展扩大了发达国家与发展中国家间的差距，全球数字鸿沟日益扩大，也进一步加剧了世界两极分化。国际数字鸿沟是全球互联网治理进程中急需解决的一个重要问题。

第三，各国网络空间意识形态较量激烈。随着人类社会步入网络信息时代，互联网以其强大的力量推动着整个社会向前发展，为人们提供了开放的网络环境，便利了人们的物质生活，丰富了人们的精神文化生活，但同时互联网也成为意识形态斗争的主阵地、主战场和最前沿。首先，境外意识形态的渗透，是各国网络意识形态较量的重要原因之一。习近平总书记提出意识形态工作是党的一项极端重要的工作。境外资本大举进军中国互联网产业，逐步侵蚀党对网络意识形态的领导权，并多次制造了影响我国意识形态安全的网络舆论事件。[①] 其次，在网络文化交流层面，网络是一把双刃剑。一方面，它为我们提供了文化交流平台，增进我们对世界文化的理解；另一方面，在网络空间中也充斥着纷繁复杂的网络信息，严重破坏风清气朗的网络环境。“互联网是一个社会信息大平台，亿万网民在上面获得信息、交流信息，这会对他们的求知途径、思维方式、价值观念产生重要影响，特别是会对他们对国家、

---

① 王承哲．意识形态与网络综合治理体系建设［M］．北京：人民出版社，2018：290.

对社会、对工作、对人生的看法产生重要影响。”① 西方外来文化与中国文化交流交锋，固然是一柄悬而不决的达摩克利斯之剑，在一定意义上对促进文化交流与融合乃至汲取人类优秀文明成果方面有着积极作用，但“当前西方文化的显性扩张和隐性渗透已经成为威胁我国文化安全的重要国际文化因素”②。网络空间中的不正之风愈演愈烈，一些错误思潮在互联网的“温室”中滋长，严重地冲击着人们的世界观、人生观、价值观，甚至威胁到国家安全。

### 三、回应中国互联网国际地位的时代呼唤

网络空间命运共同体是全球网络空间合作与治理的中国方案，为推动全球网络文化繁荣与安全发出了中国声音。网络为中国经济发展提供了难得的发展契机，同时也带来了诸多挑战与问题。与发达国家相比，中国的核心技术创新能力较弱，基础设施建设滞后，区域发展不平衡，人才储备不足，在国际舞台上缺乏发言权。“网络空间命运共同体”概念由中国提出，是中国抓住时机、顺应时代发展大势的良好印证，具有重要的现实意义。推动构建网络空间命运共同体，对于中国而言是塑造负责任大国形象的时代呼唤，也是提升国际话语权的现实需要。

第一，推动构建网络空间命运共同体，是塑造负责任大国形象的时代呼唤。首先，随着网络空间的快速发展，中国的网民数量剧增。根据《中国互联网络发展状况统计报告》可知，截至 2023 年 6 月，我国网民规模达 10.79 亿人。庞大的数据量显示，中国自接入互联网以来发展速度呈指数增长，不论是信息量还是用户人数，都在互联网领域占据着庞大的规模，成了互联网大国，迎来了网络空间发展的新历史机遇，给中

---

① 习近平．习近平在网络安全和信息化工作座谈会上的讲话［N］．人民日报，2016-04-26（02）．

② 王瑞香．论总体国家安全观视野中的国家文化安全［J］．社会主义研究，2016（05）：73．

国的经济、政治、文化等方面带来了空前的发展契机。随着经济、政治、文化等对网络依赖程度日益增强，网络空间的和谐稳定直接关系到整个社会的发展进步。中国应积极参与网络空间的管理，捍卫自己的国家利益，维护本国网络空间的稳定与发展。其次，中国互联网技术起步比较晚。在基础设施方面，城乡网络基础设施的建设状况参差不齐，发展状况不一，各个区域的发展水平无法实现平衡。在国际互联网的竞争中，某些关键科学技术仍旧处于劣势，关键核心技术仍掌握在发达国家的手中，未能实现自主突破。互联网基础设施是指能够作用于互联网应用的硬件设备，包括且不限于 ISP 互联网接入服务、IDC 互联网数据中心服务，移动电话基站、互联网数据中心等硬件设施。互联网以其字面意义来说，其含义也是指相互联结的网络。随着我国互联网建设实践探索的不断深入和对互联网认识的深化，党的十八大以来，以习近平同志为核心的党中央围绕我国互联网发展问题提出了一系列重要论断。唯有用网络基础设施建设这块“好钢”锻造出网络强国的“好刀”，才能在信息全球化的时代背景下找准中国的定位，才能更好地融入互联互通的全球网络空间建设中。

第二，推动构建网络命运共同体，是提升中国国际话语权的现实需要。国际话语权指一国在国际知名度较量中通过有意识的“话语”彰显自身存在的权利，也指一国在国际影响力角逐中通过有质量的“话语”展现自身分量的权力。[①] 首先，国际话语权在国家之间的“分配”状况实际上并不均衡。以美、欧、日为代表的西方世界在国际话语权格局中居于主导地位，把持着诸多重要议题的话语权。近年来，某些西方国家在各种场合不断对中国进行妖魔化的宣传和曲解，污蔑中国在经济、军事、粮食、环境、文明、能源等方面对别国乃至世界构成了严重威胁，大肆宣扬“中国威胁论”等不实论调。而以中国为代表的众多

---

① 檀有志．国际话语权视角下中国公共外交建设方略［M］．北京：中国社会科学出版社，2016：1.

发展中国家作为非西方世界的主体则处于较为不利的弱势地位，在一些涉及本国切身利益的重大问题上也时常处于一种近乎失语的被动状态。中国的这种网络舆论劣势让其国家影响力受到了资本主义舆论体系的打压，以及各种不公正的对待，频频鼓噪的不实之声不仅歪曲了中国维护世界和平、促进共同发展的国际形象，也损害了中国的国际声誉。同时，针对网络热点议题的话题讨论较少，在重大议题上舆论容易被西方媒体主导。国内的主流媒体发声微弱，媒体平台在世界范围内接受度不高，中国目前还未找到被国际社会认可的话语方式。由此，面对种种压力与挑战，中国要想在激烈的网络空间中更好地发挥自己的优势，更好地维护自己的网络言论权利，就必须推动构建网络空间命运共同体，以实际行动展示大国担当。作为联合国安理会常任理事国和一系列国际组织的重要成员，“中国将一如既往立足本国国情，坚持以人为本、开放合作、互利共赢，与各方一道携手构建网络空间命运共同体，让互联网的发展成果更好地造福全人类”①。

## 第二节　构建网络空间命运共同体的现实境遇

在世界范围内，互联网以其特有的优势与价值被广泛认同并形成共识，成为人类社会发展进程中一个重要的里程碑。21 世纪以来，国际社会对互联网高度重视，大力发展互联网经济，积极运用互联网技术、互联网平台开展各项工作，网络空间命运共同体建设取得了阶段性的成果。但是，在网络空间命运共同体的构建过程中，也遇到了网络空间发展水平不平衡、安全形势不明朗、治理体系不健全、普惠效益不显著的

① 中华人民共和国国务院新闻办公室．携手构建网络空间命运共同体［M］．北京：人民出版社，2022：47.

实际问题。

## 一、构建网络空间命运共同体的现状

网络空间命运共同体是一份制度明确、措施具体，具有践履指向的行动纲领。近几年来，为加快推进网络空间命运共同体由理念转向现实，国际社会做出了积极的努力，日益成为你中有我、我中有你的命运共同体。当前，网络空间命运共同体的发展现状可以概括为行为主体在求同中深化合作、治理实践在曲折发展中前进、网络技术在发展中不断创新。

### （一）行为主体在求同中深化合作

网络空间主体的多元化特征使得网络空间命运共同体的构建成为可能。网络空间“治理主体的多元化催生了网络空间命运共同体，其涵盖的主体是全人类，不仅包括主权国家、跨国公司、非政府组织，还包括社会中生活的个人”[①]。互联网的迅速发展，极大地带动了资源要素在全球范围内流动。网络空间日益成为生产生活的重要一环，国际间联系更加紧密，在这种休戚与共的关系下，合作共赢成为各国共同的追求。国际间共享网络发展机遇的同时，也必将一同面对新挑战，为共同解决新难题出谋划策。在网络安全领域，自习近平总书记提出“构建人类命运共同体”理念以来，各国纷纷响应该理念，为实现网络空间的安全而开展协作。中国已经同美国、英国、德国等国家在网络安全问题上达成共识，并与其中部分国家签署了合作协定。在网络治理领域，以联合国为核心，以亚洲太平洋经济合作组织和“二十国集团”为代表的网络空间治理主体，在加强信息通信技术等领域合作方面积极作为，深化与各国在互联网领域的务实合作，为推动全球互联网可持续发展做出切实贡献。国际组织及其成员国秉持网络命运共同体理念，尊重

① 阙天舒，李虹．网络空间命运共同体：构建全球网络治理新秩序的中国方案［J］．当代世界与社会主义，2019（03）：177.

各国主权、安全和发展利益，在维护网络空间安全、完善网络空间基础设施等方面取得了显著成果。网络治理离不开技术层面的支撑，在网络技术领域，全球分工协作仍然适用并成为新的发展趋势。各国在信息技术领域创新协同发展，跨国合作日益普遍，采取比较优势发展方式，增加了各国发展效益。

### （二）治理实践在曲折发展中前进

伴随着互联网技术和互联网应用的持续发展，全球网络空间治理正处于重要的历史转型期。一方面，以地域、城乡、性别、年龄、收入等为标准的传统的数字鸿沟并没有完全消除；另一方面，基于网络行为体或行为规则等非传统因素的新数字鸿沟伴随而生。数字鸿沟已经严重制约网络空间命运共同体建构效果。在此背景下，作为网络空间治理国际规范和规则设计中最重要的一环，国际治理规则及其体系建设也频频遭受逆全球化、民粹主义、单边主义和保护主义等行径的冲击和挑战。在一些双边、多边机制中呈现出的碎片化和无序化的趋势也严重阻碍了全球网络空间治理模式的探索和治理进程的发展。

面对全球网络空间治理的现状，国际社会各方力量逐渐意识到携手参与治理实践的重大意义，开始拓宽参与网络空间治理的渠道，积极参与网络空间治理实践，并取得了一定成效。从国际组织行为体角度看，以联合国为代表的国际组织在网络空间国际治理中的地位和作用日益凸显，不仅重新启动了联合国信息安全政府专家组，还正式成立联合国信息安全开放式工作组。“2020 年 12 月，欧盟委员会发布了《数字十年网络安全战略》”①，拟在互联网信息中心设立网络情报工作组，推动成员国针对网络威胁活动展开战略情报合作，进一步支持态势感知共享和联合外交应对决策工作。从国家行为体角度看，全球范围内的国家都在不断充实和完善网络空间的治理理念，制定相关的法律法规来规范网

---

① 李艳，孙宝云．欧盟网络外交政策实践及其对我国的启示［J］．保密科学技术，2021（10）：46.

络空间的发展，以增强网络空间的生命力，提高网络的安全性。如法国发布《网络空间信任和安全巴黎倡议》，提出网络空间治理新路径；欧洲通过《网络犯罪公约》，为国际社会合作打击网络犯罪提供法律支持；中国积极推动网络空间治理和交流合作，强调要把网络同世界各个国家的前途命运联系在一起，承担起高度的责任担当，得到国际社会的广泛认同。随着国际社会对网络空间治理的不断探索，互联网治理体系建设正逐渐进入一个新的阶段。

### （三）网络技术在发展中不断创新

网络空间信息技术的飞速发展为构建网络空间命运共同体提供了有力的技术支持。从当今世界的发展态势来看，信息革命正在如火如荼地进行，而信息资源则被称为“数字化时代的石油”。作为信息革命的核心，代表现代先进生产力的信息技术，日益成为推动世界经济社会创新发展的主导性力量。当前，网络空间信息技术迅速发展，基础性技术稳步前进，前沿热点技术加快演进。在技术创新空前密集活跃的大背景下，各国加紧网络技术创新，加大对网络技术的投入力度。网络空间存在5G、卫星互联网等新技术，打造了数字经济与实体经济融合的新应用，呈现出工业互联网的新业态，催生出智慧城市等商业发展模式。新技术、新应用、新业态带动社会新一轮的跨越式发展，信息技术正在自身的不断创新发展中成为经济社会的主导型力量。

## 二、构建网络空间命运共同体的挑战

随着全球化的纵深发展和网络空间开放性、互联性的增强，互联网对国际社会的影响更加凸显。网络空间为人类带来了巨大发展空间，同时也伴随着一系列现实难题和挑战，如网络发展、网络安全、网络治理、网络普惠等方面。这些问题普遍、重大且急迫，倒逼全球携手构建网络空间命运共同体。

## （一）网络空间发展水平不平衡

当代世界面临最主要的两大问题是和平与发展问题，即东西问题和南北问题。聚焦网络发展领域，全球互联网的发展本应在实现人类平等共享基础上发挥重大作用，但实际却面临数字鸿沟的撕裂。发展数字经济已经成为普遍共识，各国纷纷加大对数字经济的投入，但各国数字经济发展整体水平参差不齐，“新加坡、以色列等国数字经济发展水平较高，非洲、拉美一些国家数字经济才刚起步”①。在信息化时代背景下，数字鸿沟的出现有其实质性影响因素：随着全球网络技术的迅速发展，人们获取信息的渠道日益广泛的同时，不同国家、地区、企业或群体由于在信息资源和网络技术的获取、应用及创新等方面存在巨大差异，极易引起技术、经济、知识、社会等综合层面的实质性不对等及社会分化现象，从而引发数字鸿沟问题。数字鸿沟体现出信息资源的分配不均、互联网的接入和使用上的差异，加剧了全球网络空间发展的不平衡。

这种不平衡在发达国家与发展中国家体现得十分明显。从全球维度看，发达国家与发展中国家在网络普及率、网络基础设施水平、网络核心技术研发能力等方面的差距尤其显著。在网络普及率方面，“根据2022年《全球数字报告》统计，截至2022年1月，全球互联网用户已经达到49.5亿人，将近50亿人，占总人口的62.5%”②。但是世界仍有大于三分之一的人口处于信息社会的边缘，且其中大多数都生活在最不发达的国家。在网络基础设施方面，网络基础设施地域分布不均，全球互联网接入具有明显的不平衡性和区域分布差异问题。一些国家的网络基础设施互联网接入率达标，但互联网交换点尤为欠缺。这主要体现在网络基础设施的地域分布极不均匀，网络基础设施主要集中在省会城

---

① 安晓明．“一带一路”数字经济合作的进展、挑战与应对［J］．区域经济评论，2022（04）：127.

② 中国网络空间研究院．世界互联网发展报告（2022）［M］．北京：电子工业出版社，2022：42.

市和特大城市，小城镇和乡镇的网络基础设施不仅数量稀少，而且技术水平也相对落后。少数国家的宽带速度缓慢，并且成本极高。在网络核心技术研发方面，由于世界各国接入互联网的时间有早有晚，技术水平有高有低，致使全球互联网发展存在区域性差异。主要表现为少数网络强国掌握核心技术和关键资源，大部分发展中国家缺乏网络技术的研发能力，处于被动状态。

### （二）网络空间安全形势不明朗

随着互联网的快速发展，网络安全问题日益突出，已成为世界各国共同面对的最为严峻的非传统安全威胁。网络安全问题多种多样，包括信息安全、网络霸权主义、网络恐怖主义等诸多方面。因为互联网的影响力极易突破传统的地域界限，所以它所造成的挑战与威胁往往是全球性的，而非区域性的。“另外，由于线上线下的持续交融，网络安全直接关系到各国的经济、政治、社会、文化以及国家安全。”①

作为网络空间安全问题的重要内容，信息安全对国家安全具有极其重要的意义。一方面，互联网平台依托电子信息架设网络空间，改变了传统的安全关系模式，使得安全关系不再局限于现实世界；另一方面，网络因其本身的匿名性而滋生道德失范问题，在网络空间中易出现虚拟犯罪行为，更有甚者泄露国家安全机密，对国家安全构成威胁。网络信息的泄露给当今社会带来了极大的危害，其中，数据泄露在网络空间中已经成为常见的安全危害因素。随着大数据技术的发展，数据安全保护日益成为互联网时代重要的安全课题。目前网络空间信息安全保障有如下困境：其一，跨越国家边界。互联网在拉近国际国内人民交流距离的同时，也将风险扩大到漫无边界的地步。现阶段，网络恐怖分子和恶意黑客在互联网上散布恐怖和有害信息，从而进行违法犯罪活动，极大冲击全球互联网建设。当网络安全受到威胁时，就会出现“连坐”现象，

① 邹旭怡．全球互联网治理困境与网络空间命运共同体构建的价值取向［J］．天津社会科学，2020（02）：83.

导致大范围的网络瘫痪。其二，网络信息易受攻击，有其不可预测性。网络信息技术日新月异，从互联网诞生伊始，就随时存在着被攻击的风险。任何一种网络存储装置都有被入侵的风险，尤其是现今越来越多的领域都将互联网用作信息的储存与传输方式，网络漏洞的危害极大。此外，网络空间面临危机的爆发节点和时间是不可预测的，网络信息由代码构成，累积集成形成互联网和整个网络空间。代码之间常有冲突，形成安全漏洞，这种漏洞不仅存在于计算机系统，还存在于移动设备。其三，网络信息防御单薄。互联网的互通性意味着网络攻击在任何地方都有可能发生，任何具有特定目标和一定黑客技术的组织和个人都可以攻击某个单位或领域，甚至通过互联网将计算机病毒扩散至电脑使用者。在当前国际网络空间缺乏监管的状态下，防火墙是抵御网络信息攻击的唯一手段，因此，保障网络空间信息安全十分困难。

网络霸权主义、网络恐怖主义的出现，对网络空间的安全构成了极大的威胁。网络霸权是一种普遍存在的现象，由于国家之间实力对比悬殊，导致国家在网络空间内地位不平等。发展中国家的网络技术水平相对较弱，而发达国家在拥有雄厚经济的基础上顺势掌握甚至垄断了核心信息技术，这就为网络霸权主义滋生提供了土壤。国家主体作为互联网领域主要参与者，在网络空间命运共同体构建过程中尤为重要，但目前国家各主体之间缺乏协同合作的意识，要在全球范围内实现网络信息共享任重而道远。互联网给人们的生活提供了便利，但诸如网络犯罪等传统的安全问题也由现实社会扩展到了网络空间。随着互联网技术的更迭，网络恐怖主义呈现出各种新的犯罪形态以适应新的空间变化。一些已经存在的不安全因素，如恐怖主义、跨国犯罪等，趁机进入了网络领域，这就导致了网络安全问题朝着网络恐怖主义、网络威胁的方向发展，它的破坏范围越来越大，对人类的发展也越来越不利。由于互联网具有虚拟性，网络犯罪具有作案手段灵活多变、活动区域跨国界等特征，这对单一国家治理网络犯罪造成了巨大困难。网络空间因其隐秘性和无国界性日益成为恐怖分子和恐怖组织的“庇护伞”，也是其沟通交流、密谋策动的重要平台和场所。网络空间的范围极广，人们通过物理设备进入的网络具有全球性，所有网民都生活在同一个网络空间中。因此，恐怖分子通过网络空间实施网络恐怖行为的危害远比现实社会中的危害更严重，一旦恐怖行为实施成功，轻则会给处于网络空间中的金融交易、股市、电子市场等活动造成经济损失，重则破坏网络基础设施和国家公共设施，给国家安全和人民生活带来严重不良影响。网络空间的良好生态环境是实现网络发展的前提和保证，这需要各国尊重差异、摒弃对立，加强交流与合作，共同维护世界网民利益，联手打击跨国网络犯罪。然而，在网络空间中，由于国家主体之间的利益冲突，有些国家常常固守陈旧的“零和博弈”理念，拒绝友好合作，导致网络空间成为违法犯罪活动的温床，给网络犯罪活动以可乘之机。

### （三）网络空间治理体系不健全

网络空间是现实世界的延伸，网络空间治理是新的历史时期国家治理的新内容。各国网络治理实践在取得一定成效的同时，仍然存在治理体系不健全的问题。这主要体现在各国在网络空间治理进程中意见不完全统一，以及由此引发的国际网络空间缺少详细的治理标准的问题。

各国由于自身意识形态与文化底蕴不同，对网络空间治理问题存在分歧。在网络空间全球治理问题上，存在两种治理模式主张。一种是“政府主导”，即主权国家的政府具有核心话语权，主导这个国家所有的网络活动。“政府主导”坚持在网络空间领域应该以国家主权原则为核心，树立网络空间主权至上，任何国家不得以任何借口去插手他国的内政外交。这种治理模式也被称为多边模式，主张以主权国家为主导下的多方协商参与共同治理，在国际社会中坚持此种治理模式的主要是网络新兴国家。而另一种是“多利益攸关方”。这种治理模式是将网络空间视为平等自由的领域，各组织、国家、个人等都可以是规则的制定者和秩序的维护者。这种治理模式不认可网络空间主权原则，而是按照利益攸关者平等参与，对话协商。坚持此种治理模式的则是欧美等西方国家，由于核心技术居于领导地位，并具有主导网络空间的发展优势，故反对网络主权的目的就在于限制网络新兴国家的发展，以便自己在网络空间推行霸权。以什么样的模式来应对治理问题，继续推进网络空间的发展是迫切需要解决的问题。基于不同的治理模式主张，网络空间管辖问题呈现出两种不同的论调，即网络主权论与网络公域论。发展中国家认为，网络空间是人们生活的第五空间，应尊重各国主权平等与完整，维护各国利益，倡导共商共建共享的治理理念；而西方国家则坚持网络空间是自由的公域，不应受到任何国家的干涉，倡导自由发展。

网络空间治理体系建立在尊重各国网络主权的基础上，政府是关键治理主体之一，与其他治理主体共同参与网络空间治理。美国提出网络是自由的理念，但实际上掌握了网络空间治理的主导权，对不在其阵营的国家可以肆意惩罚和制裁，这对网络空间治理不利，也与其所倡导的自由、民主价值观相悖。网络空间的治理需要依托法律，法律建设是网络治理的基础性工作，各国在相关立法问题上也持有不同主张。在“软法”还是“硬法”的问题上，以美国为代表的发达国家不赞成制定“硬法”，而提倡制定“软法”。但是，由于受到西方国家政策取向的影响，国际“软法”内容以西方国家为主导制定，难以符合中俄等发展中国家的利益诉求。总之，网络空间治理出现分歧成为网络空间治理体系构建的阻碍。

在网络空间治理进程中，各方意见不一，与此相对应的是缺乏统一的国际网络空间管理规范。长期以来，国际网络空间尚无详尽的治理规范，在上层建筑层次上的“断带”导致网络治理层次的经济基础存在差异性断裂，进而加剧了各国网络治理实践的差异性。由于各种利益的冲突，各国都以自己的文化传统和价值观念为基础，介入网络空间的国际事务。由于缺乏以共同利益为基础的、已被证明有效的网络空间合作机制，西方各国在制定网络空间的策略和规则时总是单方面制定的，未以全球共同利益为出发点。例如，欧盟成员国以及美国、日本等国家共同签署的国际公约——《网络犯罪公约》，就是绕开了联合国等国际机制的公约，“其内容体现了网络大国的利益，缺少民主性，偏离了国家主权合作的互利原则，无法体现正当性和合法性”①；《塔林手册》是美国及其北约盟国制定的网络战规则，将现实世界的国际法规则直接应用于网络空间，并没有针对网络空间特点增加新的规则，该手册是从维护西方的利益与价值出发，确保其在网络空间的统治地位，体现了明显的抢占网络战规则制定权的意图，二者都不是基于并体现全球共同利益而制定。目前，现行的网络空间国际条约的影响力受到限制，国际社会还没有一部能够体现整体利益的、适用于网络空间的安全法律。虽然网络空间安全等方面的法律法规正在逐步健全，但是，随着互联网的飞速发展，网络空间也不可避免地会遇到一些新的问题，传统的法律常常不能与互联网的新形势相匹配，相应的法律法规的制定也滞后于司法实践。然而，各国利益诉求各异甚至相互对立，国际社会一直以来无法在网络空间立法上达成共识，网络立法的关键性问题和立法裁定方面始终陷入利益冲突，使得国际条约的制定和国际习惯的制定变得更加困难。

### （四）网络空间普惠效益不显著

伴随着互联网的飞速发展，网络空间已成为人们生产生活中不可缺少的一部分，与每个人的幸福感息息相关。习近平总书记在网络安全和信息化工作座谈会上强调，要让互联网更好地造福国家和人民，让亿万人民在共享互联网发展成果上有更多获得感。

国际间在加强网络空间合作的过程中，仍然存在着各方面成果共享不及时的问题。在发展的问题上，数字鸿沟带来的影响是显而易见的，不仅阻碍了互联网商业价值的进一步发挥和互联网一些全新应用的深入开展，还催生了网络文化代际鸿沟，扩大了贫富差距和两极分化，加剧

---

① 张晓君．网络空间国际治理的困境与出路——基于全球混合场域治理机制之构建［J］．法学评论，2015（04）：52.

了信息时代的“马太效应”。数字鸿沟的出现表明，数字经济浪潮中共享数字红利的愿景尚未充分实现，互联网发展道路上日益显现的数字鸿沟，无疑成为构建网络空间命运共同体的“拦路虎”。实现发展成果的共享，需要共商网络空间基础设施的建设标准，从而实现各个国家信息流通的无缝衔接。发达国家在实现自己网络空间发展的同时，要从网络空间命运共同体理念出发，承担起相应的国际责任，做出国际贡献，对发展中国家网络基础设施建设伸出援助之手，给予资金或者是技术支持，使国际社会早日实现互联互通的目标。在安全问题上，信息共享存在缺口，网络风险信息的预警与预防共享平台尚不完善，当今存在着的技术壁垒问题，阻碍全世界共享技术带来的福利。在网络时代，由于电子信息通过电脑、网络、电视、手机等传输方式广泛传播，网络空间充满了各种不确定性和威胁。特别是一些电信诈骗团伙跨国家、跨地区作案，犯罪嫌疑人众多，加之网络空间的不稳定性和作案工具的隐蔽性，各国获得的相关信息资源十分有限，本国的网络空间安全无法通过单一国家的努力来维护。同时，网络空间安全利益相关方素质各异、资源有限，短时间内无法获得有效、全面的信息。信息主体需要识别、分析网络风险，实现有效的网络安全风险控制，具备收集和获取最全面信息的相关能力，以便做出更好的决策。为此，需要加强国际信息共享，维护网络空间安全。在治理问题上，各国治理理念和方法各异，区域治理不协调。国家间迫切需要加强沟通与交流，建立多边机制，推动全球网络空间治理的创新和提高。

## 第三节　构建网络空间命运共同体的实践路径

行胜于言，以行践言。面对全球网络空间的诸多挑战，国务院新闻办公室发布白皮书，提出了“发展共同推进、安全共同维护、治理共同参与、成果共同分享，把网络空间建设成为造福全人类的发展共同体、安全共同体、责任共同体、利益共同体”① 的现实要求，从四个维度构建网络空间命运共同体。

## 一、缩小全球数字鸿沟差距，解决发展失衡问题

网络空间的发展依赖于网络设施和网络技术，当前建设网络空间命运共同体的过程中存在着基础设施不够完善和专业技术不足等问题。只有具备了一定的专业技术水平，并不断地推动网络基础设施的建设、更新和完善，才能真正地实现网络空间命运共同体的构建。

### （一）强化全球网络基础设施建设

“网络设施尤其是基础设施，作为网络运行的载体，其存在与运作是确保网络运行安全的基本前提。”② 构建网络空间命运共同体，需要加快网络基础设施建设，弥合数字鸿沟，消除信息孤岛，推动互联网普及。长期以来，以美国为首的互联网发达国家仍占据先发优势，主导着网络空间的话语权和主动权，而互联网发展中国家的网络主权长期受制于发达国家，客观上造成了数字不平等的现实。此外，各国网络化水平还存在较大差距，造成了网络空间的压迫和剥削问题，严重影响了网络空间命运共同体的全面构建。

目前，为了实现全球互联互通的目标，必须国内和国际两手抓来推进基础设施建设。在国内，要面向中西部和东北地区，组织实施基础网络完善工程。由于历史原因和经济文化发展不均衡，中国国内东强西弱的状况在网络空间仍然存在。不仅仅体现为网络实力的差别，而且在网络基础设施方面也呈现出东部发达、中西部薄弱的现象。因此，要大力加强中西部网络基础设施的全覆盖，并进行以东带西，助力中西部的发

---

① 中华人民共和国国务院新闻办公室．携手构建网络空间命运共同体［M］．北京：人民出版社，2022：5.

② 丁春燕．网络社会法律规制论［M］．北京：人民出版社，2022：41.

展。同时，网络综合实力比较强的东部地区可以先行进行国内新型基础设施建设。中西部基础设施的完善与发展将填补中国国内网络综合实力的短板，从而在国内奠定与国际社会互联互通的设施基础。国际上，网络发达国家与发展中国家基础设施发展的不平衡将会成为构建网络空间命运共同体的首要障碍。要在平等互助的基础上缩小互联网发展的“东西南北差距”，推进世界范围内宽带网络协调发展。一方面，努力缩小各国间的差距，实现共同发展。对于缺乏网络基础设施的国家来说，大力推行网络空间基础设施建设，可以显著缩小其与网络发达国家之间的差距，更有利于建立起网络空间内的平等地位。而对于拥有一定数量的网络基础设施的国家来说，加强网络基础设施的建设可以直接促进网络空间的发展，提升网络空间的价值和地位。另一方面，为打击不法分子对网络基础设施的袭击，各国要加强信息共享机制的建设。在非国家核心利益关切的基础设施上，各国要加强信息共享机制，强化有关网络基础设施的经验交流。特别是在全球性网络安全问题的应对上，各国要实现资源共享、互通有无，才能更好地应对共同的挑战。

加快全球网络基础设施建设，才能铺就信息畅通之路，构建起真正的网络空间命运共同体。世界各国对网络基础设施建设的重视足以看出其重要性，为此，各互联网发达国家应继续加大对落后地区网络基础设施建设的支持力度，缩小各区域之间的数字鸿沟，进而实现全球范围内网络的互联互通。

### （二）提高网络核心技术研发能力

创新是安全有效发展的前提，新时代任何事物都离不开创新发展，网络核心技术的创新也是网络空间治理完善的手段，是构建网络空间命运共同体的不竭动力。但是在构建网络空间命运共同体的过程中，专业技术掌握不足及滥用的影响是最直观的。网络技术的进步有利于各国政治、经济、文化和社会的发展，而不法分子却利用这一机会，利用网络技术进行颠覆活动，给各国的发展带来灾难性的后果。各国无法妥善管理相关知识和技能，增加了网络空间的脆弱性，阻碍了网络空间命运共同体的构建。

中国是典型的后发展国家，要想迈进网络强国“第一梯队”，就必须加强网络技术创新能力，在网络信息核心技术领域不断取得新的突破，从而掌握主动权和主导权。以中国为代表的广大网络发展中国家要重点突破大数据、云计算、人工智能等关键技术，加强核心技术投入和研发力度，推动政府制订科学发展规划，集中国家优势资源组织技术攻关；培养掌握核心技术研发的创新人才，促进创新型科技研发队伍快速发展；积极参与全球网络技术标准制定，掌握国际技术标准动向，从而影响世界网络技术标准的制定和发展。关键核心技术是国之重器，在特定历史时期的特定行业或领域处于核心地位并发挥关键作用，具有高投入和长周期、知识的复杂性和缄默性、垄断性以及产业生态依赖性等特征，“要攻克关键核心技术必须形成强大合力”①。要加强重点国际区域合作，推动区域全面经济伙伴关系协定，推进三边自由贸易谈判，发挥中国在制造业、数字经济等领域的优势；要加强与日韩半导体及相关企业的战略合作，建立高科技产业供应链和创新链；要加强与“一带一路”共建友好国家和企业的技术合作，实现互利共赢。

创新是互联网发展的灵魂，一个更安全、更高效的互联世界将建立在技术创新的基础之上。我们将按照创新共识，进一步加大创新力度，聚焦关键技术自主研发，全面推动互联网、大数据、人工智能等技术取得新突破。

## 二、加紧防范网络安全风险，构筑网络安全屏障

“网络空间互联互通，各国利益深度交融，网络空间和平、安全、

① 余江，陈凤，张越，等．铸造强国重器：关键核心技术突破的规律探索与体系构建[J]．中国科学院院刊，2019（03）：342.

稳定是世界各国人民共同的诉求。”① 因此，世界各国更要重视国际合作，维护各国网络安全，实现全球网络发展的新态势，落实网络空间“全球安全倡议”，推动共建网络空间安全共同体。

### （一）培养网络安全技术人才

技术是构建网络空间命运共同体的基础，而技术的创新又在于人才，因此要增加对专业技术和人才培养的投入。习近平总书记指出，网络空间的竞争，归根结底是人才的竞争。加强网络安全保护，构建网络空间安全格局，离不开高素质的网络安全人才。相比于全球网络安全面临的严峻形势，网络安全领域的人才严重短缺，供需矛盾突出。国际社会必须对网络安全人才的培养给予足够的关注，通过采取多项措施，增强对网络安全人才的培养。同时，还需要对人才培养的新理念、新制度和新机制进行探讨，提高网络安全从业人员的素质，从而为构建我国的网络安全格局提供人才支持。

第一，加强网络安全知识培训和技能教育。要把握住信息化时代知识更新速度加快、世界变化日新月异、信息爆炸的特点，切实抓好教育工作，培养符合时代需求的复合型信息化人才，以应对网络安全技能短缺和人才不足的问题。要加强网络安全、人工智能相关学科建设，引导鼓励有条件的职业院校开设网络安全类专业，推进产学合作，协同育人，扩大网络安全人才培养规模。要鼓励各国教育部门加快建设世界一流网络安全教育学校，着力打造一批世界一流网络安全学院示范项目，增设一批网络空间安全学位授权点。第二，设立网络安全人才培养专项基金。在人才培养方面，发达国家起步早，积累了较为丰富的经验，而发展中国家近些年才实现了网络的大发展，在专业人才培养方面的经验较为不足。观察发达国家的网络发展战略可知，这些国家都重视专业人

---

① 中华人民共和国国务院新闻办公室．携手构建网络空间命运共同体［M］．北京：人民出版社，2022：48.

才的培养，重视对专业人才培养的资金投入。发展中国家也要加大资金投入支持网络安全培养计划的创建、实施和扩展，加快网络安全人才培养，助力国家网络安全建设。第三，全方位拓宽网络安全人才招募渠道。要加大招募科技人才的力度，设法吸引传统招聘方式无法覆盖的群体。国际社会通过举办行业网络安全技能大赛，指导开展网络安全人员能力认证，在网络安全人才建设中发挥积极的作用。

鉴于此，为了打击网络空间违法犯罪行为，不仅需要培养专业性的技术人才，还需要培养具有综合能力的"通才"，以应对网络空间的各种问题。立足本国实际情况，不仅需要培养大量具有丰富实践经验的优秀人才，还需要促进国际合作，共同开发人力资源，优先考虑国际合作和共同培养人才。

### （二）维护网络空间信息安全

建设安全保障体系，不仅要保护网络物理领域的通信设备安全，还要保护网络非物理领域的信息安全，保障网络数据的完整性和保密性。当今社会已经进入网络时代，网络信息与国家及其公民个人的利益休戚相关。"国际上围绕网络信息的获取、使用和控制的竞争愈演愈烈，因而网络信息安全成为维护国家综合安全（包括经济安全、军事安全和社会安全）的一个重大问题，成为世界各国普遍关注的一个战略问题。"①

第一，切实增强做好网络信息安全工作的责任感、紧迫感和使命感。要加强对网络安全的投资，完善安全管理机制，加强对信息安全的评估，将信息安全管理工作放在保障网络空间信息安全的整个过程中。第二，深入推进网络信息安全体系建设。加强专业队伍组建，建立考核机制，完善市场准入。强化网络信息安全防护和运行管理，掌握安全保障和应急措施，密切关注新技术、新任务的发展趋势，适应不断变化的

① 张新宝．论网络信息安全合作的国际规则制定［J］．中州学刊，2013（10）：51.

市场格局。第三，加强网络信息安全工作的协同配合。要进一步完善协同工作机制，加强资源共享，形成维护网络空间信息安全的合力，不断提高网络信息安全工作水平。各国要自觉维护网络信息安全，充分发挥行业自律和社会监督作用。

维护网络安全是国际社会共同的责任，只有国际社会共同参与，共筑网络安全防线，网络空间信息治理才能取得最圆满的成效。

(三) 联手打击跨国网络犯罪

网络空间不应成为各国角力的战场，更不能成为违法犯罪的温床。当前，信息泄露、网络窃听、网络恐怖主义等层出不穷的网络犯罪行为正扰乱网络空间的安全与秩序，国际社会亟须缔结网络空间国际反恐公约，联手打击跨国网络犯罪，依法维护好网络空间秩序。

第一，需要建立健全的机制来管理和解决国际网络安全问题。首先，必须建立和完善执法机构和其他相关部门，加强国家之间的合作，共同打击网络恐怖主义、网络欺诈和网络暴力等行为。其次，要以立法和国际联防联控为基础，构建完整、细致的"天网"，让不法分子在网络空间和现实世界永无藏身之地，建立多边合作、明确协调、相互支持、相互协作的实质性运行机制。最后，要建立网络风险应对机制，建立具有共识性和效力性的打击网络犯罪的条约或文件，做到联防联手，防患于未然。第二，积极发挥国际组织在应对网络安全问题中的作用，推动建设打击相关问题的平台。首先，加强国际合作，连同联合国和国际刑警组织，打击网络空间跨国罪犯。其次，要在国际执法合作平台的基础上，充分遵照联合国的行动安排，按照国际法的基本准则，积极采取有效措施，防范和解决网络安全问题。最后，基于互联网信息收集的技术性和专业性，以及互联网信息互联互通、无国界的天然特性，依托数据，整合不同国家的各类信息资源，以解决复杂的取证问题。

国际上要做到联防联手，防患于未然。为防止"一着不慎，全盘皆输"，有必要通过加强合作形成信息搜集和搜查协同机制，提高打击网络恐怖主义的能力。

## 三、加快打造网络治理体系，规范网络空间治理

网络技术的发展以及大国在网络空间的博弈，给治理形势带来了严峻的挑战，形成共识与分歧共存，多边与多方共治，治理主体与机制愈加阵营化、碎片化等特征。习近平总书记指出："21 世纪的多边主义要守正出新、面向未来，既要坚持多边主义的核心价值和基本原则，也要立足世界格局变化，着眼应对全球性挑战需要，在广泛协商、凝聚共识基础上改革和完善全球治理体系。"① "治理共同参与，就要求践行'真正的多边主义'，实现公平正义、责任共担，推动形成多边、民主、透明的国际互联网治理体系，助力实现网络空间责任共同体。"②

### （一）发挥联合国主渠道作用

随着互联网与真实社会的深度融合，网络空间的治理问题日益引起了世界各国的重视。大多数国家，尤其是发展中国家，通过联合国机制参与网络空间治理，使联合国成为网络空间治理中最大的国家行为体群体。作为传统国际规则制定过程中发挥主导作用的国际组织，以及网络空间治理进程中最大的国际组织，联合国应主动承担起网络空间治理的国际责任，发挥联合国主渠道作用，推进网络空间治理规范化、法制化。

第一，发挥联合国的主渠道作用，推进网络空间治理规范化。联合国作为国际社会能够利用的最高效和拥有最广泛基础的国际平台，在构建网络空间治理规则方面，无疑具有与生俱来的应当性。《联合国宪章》适用于网络空间，这一问题已经在第三次 GGE 文件中得以明确，

① 习近平．让多边主义的火炬照亮人类前行之路——在世界经济论坛"达沃斯议程"对话会上的特别致辞［J］．中华人民共和国国务院公报，2021（04）：6.

② 袁莎．网络空间命运共同体：核心要义与构建路径［J］．国际问题研究，2023（02）：39.

并得到多数国家的认可。21 世纪以来，联合国发表了《从国际安全角度看信息和电信领域的发展》的决议。2016 年《从国际安全角度看信息和电信领域的发展》决议中指出，国际法，尤其是《联合国宪章》对于维持和平与稳定，促进信息和通信技术的公开、安全、稳定、无障碍、和平的环境是合适的，而且是必不可少的。各国在利用信通技术时自愿的、不具有约束力的行为准则、规则或原则，可以减少对国际和平、安全与稳定造成的危险，考虑到这种技术的特殊性质，未来可以进一步加以规范。由此，我们将继续维护以联合国为核心、以国际法为基础的国际秩序，以《联合国宪章》为基础的国际关系准则，推动制定更加平衡、更加符合各方利益的国际规则与体制。促进具有包容性和公正性的《全球数字契约》的落实，向联合国秘书长技术事务特使提供支助，并与联合国开放信息保障工作组和政府专家小组合作。同时要防止联合国网络空间治理平台沦为“谈判大厅”，全面保护发展中国家在互联网上的合法权利，推动南南合作和南北对话。

第二，发挥联合国的主渠道作用，推进网络空间治理法制化。“联合国（UN）政府专家组（GGE）是专门用于讨论网络空间问题的平台和处理问题的机构。GGE 是由联合国秘书长设立的机构，其任务是研究如何将经联合国大会通过的国际法适用于各国的网络活动，以促进各国共同的理解。”① 网络空间不是“法外之地”，在网络空间中，各种类型的违法犯罪行为层出不穷，迫切需要制定一部针对规范网络空间治理秩序的国际性法律，使其能够保持网络空间的清朗，推动网络空间公平有序发展。例如，1996 年，为促进国际贸易法在电子商务领域的使用，联合国国际贸易法委员会通过了《电子商务示范法》。加强各国政府、国际组织、互联网企业、技术团体、民间团体等之间的交流与合作。增强国际社会对共同面临的各种风险挑战的共识，是制定与执行网络安全国际准则的一个重要前提与保证。《布达佩斯网络犯罪公约》于 2004

---

① 黄森 . 21 世纪国际网络空间治理新秩序研究［D］. 长春：吉林大学，2019：40.

年在世界范围内正式生效，是世界上第一个反网络犯罪国际公约，并被列为一项重要的国际立法。由此可见，针对国际网络空间治理的诸多问题，逐步构建起完整合理的国际法律法规体系，为有效维护网络安全秩序，防范其可能造成的危害，遏制越来越多的国际组织通过网络非正常活动来达到自己的目的等方面起到重要作用，从而推进国际社会从“无法可依”到“有法可依”的转型，保障网络社会的健康、有序发展。

在现行的国际法框架内，联合国毫无疑问在网络空间治理中发挥着举足轻重的作用。作为世界上最有代表性的网络治理平台，联合国网络空间治理机制为发展中国家在这一领域的发展提供了机会。在此基础上，充分利用联合国这一优势，必将极大地推进新的网络空间治理秩序建设。

### （二）构建多元主体治理模式

网络空间打破了传统社会治理中国家行为体与非国家行为体的界限，单凭一国的力量，往往不能完全解决纷繁复杂的问题，因此，应广泛邀请多元利益攸关方，使政府、国际组织、互联网企业、技术社群、民间机构、公民个人等在内的多元主体“深度参与制定网络空间国际规则和标准，集思广益，通力合作，推动全球治理体系朝着更加公平、公正、包容、有效的方向发展”①。

第一，要建立协同治理主体间的信任体系，探索网络空间命运共同体的协同治理模式。互联网具有超越国界的特性，而网络问题又以多样态形式呈现出来，单凭政府、国际组织和企业的力量，不能全面彻底深入解决问题。因此，现实及虚拟世界社会公共问题的解决均需要协同治理。协同治理以各方相互信任、平等交流、资源共享、责任明晰为前提，在尊重各国治理实践的前提下，构建政府、国际组织、互联网企业

---

① 袁莎．网络空间命运共同体：核心要义与构建路径［J］．国际问题研究，2023（02）：39-40.

相互协作的技术共同体，民间组织和公民个人的信用体系和责任体系。网络空间治理已成为大国地缘战略的重点之一，从“具有政治意味的技术性问题”向“含有技术因素的政治问题”转变。由此，全球网络空间治理应当在联合国制定的框架下尽可能地实现多边参与、多方参与。与此同时，各种非国家行动者能够发挥的积极作用也不可忽视，多边和多方的不同主体在享受同样权利的同时，也要承担相应的责任和风险。一方面加强对网络空间治理目标与发展的重视，形成一个良好的网络空间协同治理环境。另一方面在公共行政、公共服务等领域，探讨公共管理资源交流与共享的可行性，为建立互联网环境下的合作治理模式打下基础。

第二，要提升网络空间协同治理层级，加强主体合作以促进国际治理规则的制定。网络空间合作治理按照参与主体所在领域的不同，可将网络空间协同治理划分为双边协同治理、多边协同治理、全球协同治理等。当前，关于网络空间治理这一话题，国际社会围绕“多利益攸关方”模式和“多边主义”模式尚未形成有效共识，这将对未来网络空间治理的实践产生一定的影响。各参与方都是从本国的利益出发，制定出符合本国互联网发展的行为标准，从而对网络空间的安全治理体系进行相应调整，但尚未形成一套完整的全球网络安全治理标准。在当前国际形势日益复杂的情况下，网络空间的国际秩序的脆弱性和不确定性越来越突出。不同的治理机构应该以加强沟通和交流为基础，以对话和磋商的方式，对彼此之间的差异进行有效的控制，增强双边和多边的互信，共同建立一个为各方所公认的公平合理的新的网络空间的国际规则。不同主体通过把双边网络空间的命运共同体与多边网络空间的命运共同体逐步建立起来，为全球网络空间的命运共同体建立一个公平、公正的网络空间治理秩序。

互联网的飞速发展，将世界真正变成了一个不可分割的有机整体。多方主体切实发挥各自的主体作用，集思广益，通力合作，推动全球治理体系朝着更加公平、公正、包容、有效的方向发展，携手共建全球网络空间命运共同体。

### （三）完善对话协商治理机制

从现实来看，“各国共同面临着国家网络内在安全建设和网络恐怖暴力的外在威胁，因此各国必然要达成协同合作和共同努力的治理共识才能推进网络有效治理。”① 构建全球互联网协同治理体系是一个利益博弈的过程，在这个过程中需要各主体尤其是国家主体之间的不断协商交流。因而，要健全网络空间对话协商机制，让各国在对话协商中凝聚最广泛的共识，从而制定出符合各国普遍利益的网络空间国际治理规则。

第一，健全网络空间平等对话协商机制，在平等的基础上协商共制网络空间国际治理规则。在构建网络治理体系时，应坚持共享、多边、开放、透明的原则，各国应加强自身的对话平台建设，促进交流和沟通，完善对话协商机制，并以此为基础，研究制定一套符合大多数国家意志和利益的国际互联网治理规范，以此促进网络空间治理的公平和正义。各参与主体可以利用对话协商平台和机制表达自身诉求，他们作为互联网活动的主要参与者、互联网架构的设计者，拥有更为切近的感受和专业的技能，因而他们表达的内容也是互联网革新的依据和资源。各国需携手应对网络安全威胁，通过对话协商共同遏制信息技术滥用，有效管控分歧；健全打击网络犯罪司法协助机制，维护网络安全。完善的网络安全协同预警机制，可以有效地发现并识别出网络安全的潜在风险，并将其扼杀在摇篮之中，从而为网络安全防范工作做好准备，降低网络安全问题的发生率。由此，各个国家要加强网络空间的对话协商交流合作，推动建立全球性的网络协同安全预警机制，共同维护网络空间和平安全，促进国际社会有序发展。

---

① 董慧，李家丽. 新时代网络治理的路径选择：网络空间命运共同体 [J]. 学习与实践，2017 (12)：37.

第二，加快构建完善的国际网络空间对话协商平台，并对已有的针对互联网特定层级的治理平台进行机制优化。比如关注逻辑层议题的ICANN曾被诟病存在不合理的机制架构和决策惯例，这类治理平台的优化应在保障专业性的基础上，增强参与讨论决策成员身份的代表性，真正反映多利益攸关方诉求。针对目前国际互联网治理中权力的不平衡状况，亟须建立一种在国际上有效的多边治理机制，以打破一些国家在网络空间上的垄断地位。“要搭建更多的交流沟通国际平台（如中国乌镇世界互联网大会），让网络的研究者、建造者、使用者，以及各国的商界、政界、军界人士齐聚一堂，形成开放和透明的对话环境，让非网络强国也有话语权。”① 发展中国家应寻找双方网络空间治理理念的契合点和相似处，创造与网络发达国家进行对话协商的有利条件，通过谈判手段逐步使网络发达国家做出合理让步，从而消解网络发达国家对网络空间命运共同体的抵制行为。由此，国家间应积极探寻战略互信合作路径，以“求同存异”的方法论为指引，就网络空间的治理问题进行释疑解惑，以最大限度凝聚共识。

网络空间治理不是单边行为，而是涉及多国利益的双边、多边行为。健全平等对话协商机制在革新网络空间治理方案，构建网络空间命运共同体中起到推动作用。在构建网络空间命运共同体的过程中，我们将面临许多错综复杂的问题，需要加强多边和多方的协作治理，建设一个和平、安全、开放、合作、繁荣、清朗的全球网络空间。

## 四、营造良好数字发展环境，推动数字红利普惠

互联网发展大家共同参与，发展成果应由大家共享。网络空间是一个开放的平台，推动着全球化进程和人类文明成果的共享，在网络空间命运共同体内，每一个国家的网络权益都应该依法得到保障，共同享有

---

① 许晓东，芮跃峰，杜志章．基于问题导向的国际网络空间治理体系建构［J］．华中科技大学学报（社会科学版），2020（04）：138.

数字经济发展合作机遇，共享文化交流成果，推动数字红利普惠发展。

### （一）共享数字经济发展合作机遇

互联网的出现，打破了时空的局限，催生出一种新型的“数字经济”，并对传统产业产生了巨大的冲击。互联网蕴藏着巨大的经济和科技潜力，是世界经济增长的新引擎。在当前阶段，加速推进数字经济建设，优化其发展环境，是加速数字化红利释放、促进互联网发展成果普及的重要途径。

第一，扩大网络经济的融合发展，推进互利互惠，实现网络空间合作共赢。“维护网络空间秩序，必须坚持同舟共济、互信互利的理念，摈弃零和博弈、赢者通吃的旧观念。”① 新冠疫情在全球范围内肆虐，对世界经济格局产生了深远影响。在世界经济复苏缓慢、世界经济增长下行压力加大的情况下，开辟新的发展空间，是促进世界经济和社会发展的基本途径。中国提出“互联网+”战略，大力推动“数字中国”，极大地促进了全球经济增长，大幅提升了全球经济发展水平和质量。“‘网络空间命运共同体’思想的根本立场是实现人类和平与可持续发展的共同福祉。”② 中国网络经济的发展为世界经济发展提供了广阔空间，也为世界经济探寻新的发展路径提供了有力借鉴。特别是跨境电商的发展，打破了实体经济发展的壁垒，以开放融合的方式，带动了世界各地的数字经济快速发展，并进一步促进了全球的投资与贸易的发展合作。在构建网络空间命运共同体的大背景下，世界各国更应积极顺应互联网交易活动增加和电子商务逐步崛起的趋势，在共建共治的基础上，推动电子商务的发展成果互惠共享。

第二，优化数字经济发展空间，树立共建共享的网络空间环境。习近平总书记提出：“中国愿同世界各国一道，携手走出一条数字资源共

---

① 习近平谈治国理政（第二卷）[M]. 北京：外文出版社，2017：533.

② 林伯海，刘波. 习近平“网络空间命运共同体”思想及其当代价值 [J]. 思想理论教育导刊，2017（08）：37.

建共享、数字经济活力迸发、数字治理精准高效、数字文化繁荣发展、数字安全保障有力、数字合作互利共赢的全球数字发展道路，加快构建网络空间命运共同体，为世界和平发展和人类文明进步贡献智慧和力量。"① 网络空间命运共同体思想中蕴含着实现全人类共同福祉的深刻内涵，这就要求各国人民在坚持同舟共济、互信互利的理念基础上，建立起平等、互助的伙伴关系，努力为数字经济的发展创设良好环境。首先，充分推进数字产业化、产业数字化，依托大数据、物联网、云计算等新兴技术，进一步挖掘和使用数据资源，促进产业发展从“线下”向“线上”转变，完善产业发展模式、提升产品服务水平，形成一批有国际竞争力的数字产业集群。其次，要强化信息公开平台的监督管理。伴随着数字企业数量的增加以及数据共享程度的提高，各类侵害消费者权益、企业间不公平竞争等现象危害了数字经济的健康发展。为此，要尽快制定有关的法律法规，加强对开放平台的监督管理，并为中小企业的参与提供便利，为其创造一个公平、开放、包容的营商环境。

第三，构建数字经济发展方面的贸易规则，积极参与数字经济治理合作。首先，随着互联网的发展，大量数据信息在全球范围内传播，同时，对交易数据、个人数据等隐私信息的保护与监管也成为数字经济全球化治理的新挑战。一方面，数字经济逐渐成为推动世界经济发展与社会转型的重要力量；另一方面，随着大数据、人工智能等新兴科技的不断涌现，企业在经营活动中也不可避免地会牵涉到许多个人隐私信息，亟须构建与之相适应的管理制度。其次，国际贸易谈判的焦点正在由传统的贸易与服务准则向数字化的贸易规则方向发展。随着以互联网为基础的数字基础设施在全球范围内的应用越来越广泛，并逐渐占据了主导地位，跨国企业间的跨境交易日趋频繁。电子商务迅猛发展，数据流动日趋频繁，这就要求国家社会在服务行业准入、数据跨境流动、数字鸿沟等重大问题上进行协同合作。尤其服务业的准入问题格外重要。比

① 习近平向2022年世界互联网大会乌镇峰会致贺信[J]. 传媒，2022（23）：6.

如，在2018年6月，欧盟发布《欧盟“非居民”购买家庭设备指令》之后，英国电信巨头英国电信因在其国内出售苹果产品时，利用“非居民”名称实施通信欺诈，随后经美国司法部查明其有违约嫌疑，最后美英两国达成和解，AT&T撤销了诉讼，但至今仍未生效，这一事件也显示出国家对于此类案例的审慎态度。

网络经济的兴起对传统经济产生了巨大的冲击，但同时也推动了整个社会的发展。网络正日益成为推动世界经济提高效率和动力的“加速器”，推动经济社会发展的“新杠杆”，改善人民生活福祉的“新引擎”。世界正处于百年未有之大变局，只有各国秉持开放合作理念，共享网络经济成果，让数字经济成果惠及全世界，才能促使世界各国共同搭乘互联网和数字经济发展的快车，共同构建网络空间命运共同体。

### （二）打造网络文化共享交流平台

网络空间命运共同体并非一个封闭、局部、静态的网络平台，而是一个开放、整体、动态的网络共同体。当今世界，作为人类文明交流的主要媒介，网络将人类社会联系得更紧密。因此，要充分利用互联网的资源，积极促进世界各国优秀文化交流与建设，使人民在学习其他国家优秀文化的同时，也能将自己国家的优秀文化传播出去。例如，“网络丝绸之路”把中国和东盟联系在一起，推动了各文明之间的相互联系。我们要以“一带一路”为基础，打造网络文化共享交流平台，实现各国优秀文化的全面交流。

第一，搭建网上文化交流共享平台，丰富网络文化共享形式。在全球范围内，互联网普及率不断上升，网民数量巨大，成为构建“网络空间命运共同体”的社会基础。在经济全球化、世界多极化、社会信息化、文化多样化背景下，各国人民在生活中能够接触到不同文明形式，并以自己独特的方式体验和表达自己所认同和热爱的文化观念。我们要通过互联网平台来实现各国人民文化交流互鉴。文化交流共享平台的搭建，需要着眼于三方面。首先，国内与国际的文化共享。要本着

“平等尊重，共建共享”的理念来推动构建互联网文化交流平台。当前，国际社会上存在着一些对他国文化存在偏见的现象，突出表现为以自己文化为标准来贬低他国文明成果，继而体现自己的优越性。“你是什么国家就有什么民族精神”“你没有什么特别之处就会被别人说成与众不同”等话语成为一种流行用语。这一现象的实质在于发达国家长期以来奉行唯我独尊、独断专横、目中无人等不平等原则，而这也正是造成我国在国际交往中始终处于劣势地位和尴尬境地的原因之一。因此，在对外交往中，要提倡平等与尊重。只有在互相尊重、平等相待的基础上，我们才能走出一条美美与共、和衷共济、共同发展、文明进步的道路。要区分对外传播的受众群体。“只有对受众群体精准定位，针对受众在心理、信仰、文化背景、思维方式上的特点，设置好传播内容和传播渠道，采取差异化的传播策略，提升传播实效。”① 这种差异化传播策略能够更好地满足不同受众群体的需求，从而更有效地传达信息。其次，公共与个体的文化共享。要充分利用和发挥既有官方网络平台的引领力和公信力，引导世界范围内优秀文化的交流互鉴。通过对媒体资源的整合，发掘新的生产因素，推动各媒体在平台、手段、内容和技术上相互融合。如“一带一路”、世界互联网大会、“联合国教科文组织”等官方网站定时推送地区优秀文化动态来引领世界文化发展方向。最后，文化产业和文化事业的文化共享。各个国家可针对自身的情况建设专门的对外文化交流共享平台，充分展示本国优秀文化。同时，各国需大力挖掘各国各地区资源文化产业潜力，借助网络文化交流共享平台加快发展文化产业、推进文化事业，在产业升级中发挥文化优势、积极创造融合资源，彰显文化魅力。总之，各个国家要协同加强网上文化交流共享平台的构建，促进文化的交流互鉴，推动人类文明进步。

第二，搭建网络文化交流共享平台，加强网上文化资源库建设。文化交流是一项系统工程，不能把网上文化交流共享平台搭建作为一个孤

---

① 侯万军．发展文化事业和文化产业［M］．北京：言实出版社，2017：13.

立的工作来对待。在国际上，很多国家都将网上文化交流共享平台的建设和推广视为一项政治任务，也有不少人把它看成是“小儿科”“可有可无”。文化交流是一项系统工程，这不是简单的“走出去”和“引进来”的问题。建设一个资源体系基本完整、具有便捷高效使用功能的文化资源库，才能真正体现出“以人民为中心”理念。首先，在文化资源库的内容层面，要不断完善网络文化资源库的内容层次。我们在建设网络文化资源库时，既要进行世界性的研讨，又要从不同的途径收集资料，进行专家论证、资料录入和补充完善。其次，在文化资源库的运用层面，应把搜索引擎的创新融入网络文化资源库的构建之中，为用户带来更加丰富的功能性体验。同时不断将优秀文化纳入资源库中，让各国民众可以通过搜索引擎进行文明交流互鉴，促进各国文化命运的紧密相连。网络空间命运共同体建设以开放为基本前提、以创新为发展动力回应了以人民为中心、推进人类文明进步的时代之问。加强网上文化资源库建设，一方面体现了人类对实现自由而全面的发展追求，另一方面又体现了坚持和平与发展仍然是时代主题这一客观规律，既是增强世界优秀文化网络传播力、影响力的优先途径，同时也是增强价值认同、形成构建网络空间命运共同体民意基础的重要途径。

在真正平等文明的交流下，通过加强各个地方政府、媒体、非政府组织、青少年团体的交流，让全世界的人都能拓宽视野，主动构建在线文明交流互鉴平台，持续充实在线文化资源库，以开放和包容的态度吸收各国优秀文明成果，在各文明互学互鉴互融中架起一座坚实的桥梁，促进各国人民在文化交流领域的持久和平。与此同时，让世界各国人民深刻理解各类优秀文明成果的魅力所在，为网络空间命运共同体的构建注入强大的精神力量。

# 参考文献


## 一、专著

[1]马克思恩格斯全集(第2卷)[M]. 北京：人民出版社，1957.

[2]马克思恩格斯全集(第3卷)[M]. 北京：人民出版社，2002.

[3]马克思恩格斯全集(第4卷)[M]. 北京：人民出版社，2016.

[4]马克思恩格斯选集(第1—4卷)[M]. 北京：人民出版社，1995.

[5]马克思恩格斯文集(第1—10卷)[M]. 北京：人民出版社，2009.

[6]列宁全集(第29卷)[M]. 北京：人民出版社，1985.

[7]列宁全集(第36卷)[M]. 北京：人民出版社，1985.

[8]列宁选集(第1—4卷)[M]. 北京：人民出版社，1995.

[9]毛泽东选集(第一、二、三、四卷)[M]. 北京：人民出版社，1991.

[10]邓小平文选(第一、二卷)[M]. 北京：人民出版社，1994.

[11]邓小平文选(第三卷)[M]. 北京：人民出版社，1993.

[12]江泽民文选(第一、二、三卷)[M]. 北京：人民出版社，2006.

[13]胡锦涛文选(第一、二、三卷)[M]. 北京：人民出版社，2016.

[14]习近平谈治国理政[M]. 北京：外文出版社，2014.

[15]习近平谈治国理政(第二卷)[M]. 北京：外文出版社，2017.

［16］习近平谈治国理政(第三卷)［M］. 北京：外文出版社，2020.

［17］习近平谈治国理政(第四卷)［M］. 北京：外文出版社，2022.

［18］中国共产党第十八次全国代表大会文件汇编［M］. 北京：人民出版社，2012.

［19］中国共产党第十九次全国代表大会文件汇编［M］. 北京：人民出版社，2017.

［20］中共中央文献研究室. 十八大以来重要文献选编(上)［M］. 北京：中央文献出版社，2014.

［21］中共中央文献研究室. 十八大以来重要文献选编(中)［M］. 北京：中央文献出版社，2016.

［22］中共中央文献研究室. 十八大以来重要文献选编(下)［M］. 北京：中央文献出版社，2018.

［23］中共中央党史和文献研究室. 十九大以来重要文献选编(上)［M］. 北京：中央文献出版社，2019.

［24］中共中央党史和文献研究室. 十九大以来重要文献选编(中)［M］. 北京：中央文献出版社，2021.

［25］中共中央党史和文献研究室. 十九大以来重要文献选编(下)［M］. 北京：中央文献出版社，2023.

［26］中共中央党史和文献研究院. 习近平关于网络强国论述摘编［M］. 北京：中央文献出版社，2021.

［27］中共中央文献研究室. 习近平关于全面建成小康社会论述摘编［M］. 北京：中央文献出版社，2016.

［28］中共中央文献研究室. 习近平关于社会主义文化建设论述摘编［M］. 北京：中央文献出版社，2017.

［29］中共中央文献研究室. 习近平关于社会主义社会建设论述摘编［M］. 北京：中央文献出版社，2017.

［30］中共中央文献研究室. 习近平关于社会主义政治建设论述摘编［M］. 北京：中央文献出版社，2017.

［31］中华人民共和国国务院新闻办公室. 携手构建网络空间命运

共同体[M]. 北京：人民出版社，2022.

[32]中国网络空间研究院．世界互联网发展报告(2022)[M]. 北京：电子工业出版社，2022.

[33]习近平．高举中国特色社会主义伟大旗帜 为全面建设社会主义现代化国家而团结奋斗——在中国共产党第二十次全国代表大会上的报告[M]. 北京：人民出版社，2022.

[34]习近平．在网络安全和信息化工作座谈会上的讲话[M]. 北京：人民出版社，2016.

[35]习近平．共建创新包容的开放型世界经济：在首届中国国际进口博览会开幕式上的主旨演讲[M]. 北京：人民出版社，2018.

[36]习近平．论党的宣传思想工作[M]. 北京：中央文献出版社，2020.

[37]戚功，邓新民．网络社会学[M]. 成都：四川人民出版社，2001.

[38]张志安．网络空间法治化：互联网与国家治理年度报告[M]. 上海：商务印书馆，2015.

[39]檀有志．国际话语权视角下中国公共外交建设方略[M]. 北京：中国社会科学出版社，2016.

[40]丁春燕．网络社会法律规制论[M]. 北京：人民出版社，2022.

[41]侯万军．发展文化事业和文化产业[M]. 北京：言实出版社，2017.

[42]冯仕政．西方社会运动理论研究[M]. 北京：中国人民大学出版社，2013.

[43]谢俊，程桂龙，王佳宜．网络空间治理[M]. 北京：法律出版社，2016.

[44]黄东东，吴渝，谢俊．网络空间治理研究(第一卷)[M]. 北京：法律出版社，2022.

[45]孙曙生．网络空间治理：外生化、内生化与法治化的协同机

制[M].南京：南京大学出版社，2021.

[46]张影强.全球网络空间治理体系与中国方案[M].北京：中国经济出版社，2017.

[47]李毅.网络空间治理的国内法域外效力研究[M].北京：光明日报出版社，2023.

[48]中国网络空间研究院.网络空间全球治理大事长编[M].北京：商务印书馆，2023.

[49]付晓光.5G时代网络空间变革与治理研究[M].北京：中国传媒大学，2022.

[50]郎平.网络空间国际治理与博弈[M].北京：中国社会科学出版社，2022.

[51]张治中.网络空间意识形态安全治理体系研究[M].北京：社会科学文献出版社，2022.

[52]博岚岚.网络空间合作治理新生态——构建网络空间命运共同体[M].北京：知识产权出版社，2020.

[53]阙天舒.网络空间治理的中国图景：变革与规制[M].上海：上海交通大学出版社，2019.

[54]刘静.网络强国助推器：网络空间国际合作共建[M].北京：知识产权出版社，2018.

[55]鲁传颖.网络空间治理与多利益攸关方理论[M].北京：时事出版社，2016.

[56]李艳.网络空间治理机制探索[M] 北京：时事出版社，2018.

[57]赵志云，葛自发，孙小宁.网络空间治理：全球进展与中国实践[M].北京：社会科学文献出版社，2021.

## 二、译著

[1]威廉·吉布森.神经漫游者[M].Denovo，译.南京：江苏文艺出版社，2013.

[2]贝科威茨.美国对外政策的政治背景[M].张禾，译.北京：

商务印书馆，1979.

[3]弥尔顿 · L. 穆勒．网络与国家：互联网治理的全球政治学[M]．周程，等译．上海：上海交通大学出版社，2015.

[4]戴维·奥斯本，特德·盖布勒．改革政府[M]．上海市政协编译组，东方编译所，等译．上海：上海译文出版社，1996.

[5]约翰·诺顿．互联网：从神话到现实[M]．朱萍，等译．南京：江苏人民出版社，2001.

[6]约万·库尔巴里贾．互联网治理[M]．鲁传颖，等译．北京：清华大学出版社，2019.

三、期刊

[1]周宏仁．网络空间的崛起与战略稳定[J]．国际展望，2019(03).

[2]刘跃进，白冬．国家安全学论域中信息安全解析[J]．情报杂志，2020(05).

[3]桂畅旎．当前网络空间国际治理现状、主要分歧及影响因素[J]．中国信息安全，2023(04).

[4]赵蓉英，余波．网络信息安全研究进展与问题探析[J]．现代情报，2018(11).

[5]彭玉勇．论网络服务提供者的权利和义务[J]．暨南学报(哲学社会科学版)，2014(12).

[6]王易，陈雨萌．新时代网络空间道德建设的多维审视[J]．思想理论教育，2021(03).

[7]周建青，龙吟．自发与嵌入：网络社团参与网络空间治理的类型及其转化机制[J]．暨南学报(哲学社会科学版)，2023(07).

[8]翟绍果，刘入铭．风险叠变、社会重构与韧性治理：网络社会的治理生态、行动困境与治理变革[J]．西北大学学报(哲学社会科学版)，2020(02).

[9]田鹏颖，戴亮．大数据时代网络伦理规制研究[J]．东北大学学

报(社会科学版), 2019(03).

[10]刘远亮. 网络政治安全治理的网络技术之维[J]. 中国矿业大学学报(社会科学版), 2019(04).

[11]孙伟平. 人工智能与人的“新异化”[J]. 中国社会科学, 2020(12).

[12]刘吉强. 我国网络安全技术体系的短板[J]. 人民论坛, 2018(13).

[13]王常柱, 武杰, 张守凤. 大数据时代网络伦理规制的复杂性研究[J]. 科学技术哲学研究, 2020(02).

[14]崔聪. 论网络空间道德秩序构建的法治保障[J]. 思想理论教育, 2021(01).

[15]谢新洲, 石林. 基于互联网技术的网络内容治理发展逻辑探究[J]. 北京大学学报(哲学社会科学版), 2020(04).

[16]王宗礼, 史小宁. 政治、语境与历史: 意识形态概念的变迁[J]. 南京师大学报(社会科学版), 2012(01).

[17]俞吾金. 从意识形态的科学性到科学技术的意识形态性[J]. 马克思主义与现实, 2007(03).

[18]杨生平. 关于意识形态概念的理解问题——兼与俞吾金等同志商榷[J]. 哲学研究, 1997(09).

[19]唐爱军. 总体国家安全观视域中的意识形态安全[J]. 社会主义研究, 2019(05).

[20]王岩. 新时代我国主流意识形态话语权的建构路径[J]. 马克思主义研究, 2018(07).

[21]张爱军, 秦小琪. 网络意识形态去中心化及其治理[J]. 理论与改革, 2018(01).

[22]张爱军, 秦小琪. “网络后真相”与后政治冷淡主义及其矫治策略[J]. 学习与探索, 2018(02).

[23]刘美萍. 重大突发事件网络舆情协同治理机制构建研究[J]. 求实, 2022(05).

[24]张爱凤．网络舆情中的文化政治[J]．新闻与传播研究，2017(02)．

[25]王来华．论网络舆情与舆论的转换及其影响[J]．天津社会科学，2008(04)．

[26]张子荣．突发公共事件网络舆情的形成机制及应对策略[J]．思想理论教育导刊，2021(05)．

[27]张权．网络舆情治理象限：由总体目标到参照标准[J]．武汉大学学报(哲学社会科学版)，2019(02)．

[28]刘岩芳，齐春萌．网络舆情治理的主体、客体和方法分析[J]．传媒观察，2020(09)．

[29]李庆波，邵晶．高校网络舆情管理现状与提升[J]．人民论坛，2014(20)．

[30]张玉亮，杨英甲．社会组织参与突发事件网络舆情治理的角色、功能及制度实现[J]．现代情报，2018(12)．

[31]刘美萍．网络社会组织参与网络空间治理的价值、困境及破解[J]．云南社会科学，2020(03)．

[32]杨蓉．网络舆情不良社会心态分析与治理[J]．学术探索，2017(02)．

[33]张爱军，秦小琪．网络时代"后真相"次生政治舆论的双重功能及其平衡策略[J]．探索，2018(03)．

[34]鲁传颖．主权概念的演进及其在网络时代面临的挑战[J]．国际关系研究，2014(01)．

[35]俞可平．治理和善治：一种新的政治分析框架[J]．南京社会科学，2001(09)．

[36]王路．世界主要国家网络空间治理情况[J]．中国信息安全，2013(10)．

[37]唐小松，王茜．美国对华网络外交的策略及影响[J]．现代国际关系，2011(11)．

[38]张涛，张莹秋．俄罗斯国家数据安全治理的机制建设[J]．俄

罗斯学刊，2022(02).

[39]耿召．新西兰网络空间治理进展及对小国的启示[J]. 国际关系研究，2023(05).

[40]李传军．网络空间全球治理的秩序变迁与模式构建[J]. 武汉科技大学学报，2019(01).

[41]刘志伟．新加坡社会治理经验与启示[J]. 行政管理改革，2013(08).

[42]孙伟平．全球交往实践中的东亚文化价值观[J]. 河南社会科学，2007(05).

[43]方爱乡．日本信息社会建设与发展的基本经验[J]. 东北财经大学学报，2012(01).

[44]崔保国．网络空间治理模式的争议与博弈[J]. 新闻与写作，2016(10).

[45]鲁炜．坚持尊重网络主权原则 推动构建网络空间命运共同体——学习习近平总书记在第二届世界互联网大会上重要讲话精神的体会与思考[J]. 中国信息安全，2016(03).

[46]李艳．2016年网络空间国际治理进程回顾与2017年展望[J]. 信息安全与通信保密，2017(01).

[47]杨峰．全球互联网治理、公共产品与中国路径[J]. 教学与研究，2016(09).

[48]赵惜群，王浩，刘宝堂．提升我国网络媒体国际传播力的路径探析[J]. 中州学刊，2015(12).

[49]吴海燕．受众本位视角下当代中国价值观念国际传播策略研究[J]. 云南社会主义学院学报，2016(03).

[50]付晓．习近平在庆祝中国国际贸易促进委员会建会70周年大会暨全球贸易投资促进峰会上发表视频致辞[J]. 中国会展(中国会议)，2022(10).

[51]郭春雨，尹建国．我国网络空间国家治理的模式选择[J]. 行政与法，2017(01).

[52]夏立平. 构建网络空间命运共同体：意义、内容与影响[J]. 人民论坛·学术前沿，2023(10).

[53]尹建国. 美国网络信息安全治理机制及其对我国之启示[J]. 法商研究，2013(02).

[54]沈文辉，邢芮. 美国网络战略的新动向：内涵、动因及影响[J]. 湘潭大学学报(哲学社会科学版)，2020(05).

[55]程聪慧，郭俊华. 网络恐怖主义的挑战及其防范[J]. 情报杂志，2015(03).

[56]陈红星. 基于信息理解的数字鸿沟[J]. 图书馆学研究，2008(02).

[57]李昭晖. 论数字鸿沟的产生、发展及消亡[J]. 情报探索，2010(02).

[58]王瑞香. 论总体国家安全观视野中的国家文化安全[J]. 社会主义研究，2016(05).

[59]阙天舒，李虹. 网络空间命运共同体：构建全球网络治理新秩序的中国方案[J]. 当代世界与社会主义，2019(03).

[60]李艳，孙宝云. 欧盟网络外交政策实践及其对我国的启示[J]. 保密科学技术，2021(10).

[61]安晓明."一带一路"数字经济合作的进展、挑战与应对[J]. 区域经济评论，2022(04).

[62]邹旭怡. 全球互联网治理困境与网络空间命运共同体构建的价值取向[J]. 天津社会科学，2020(02).

[63]张晓君. 网络空间国际治理的困境与出路——基于全球混合场域治理机制之构建[J]. 法学评论，2015(04).

[64]余江，陈凤，张越，等. 铸造强国重器：关键核心技术突破的规律探索与体系构建[J]. 中国科学院院刊，2019(03).

[65]张新宝. 论网络信息安全合作的国际规则制定[J]. 中州学刊，2013(10).

[66]袁莎. 网络空间命运共同体：核心要义与构建路径[J]. 国际

问题研究，2023(02).

[67]董慧，李家丽．新时代网络治理的路径选择：网络空间命运共同体[J]．学习与实践，2017(12).

[68]许晓东，芮跃峰，杜志章．基于问题导向的国际网络空间治理体系建构[J]．华中科技大学学报(社会科学版)，2020(04).

[69]林伯海，刘波．习近平“网络空间命运共同体”思想及其当代价值[J]．思想理论教育导刊，2017(08).

**四、报纸**

[1]习近平．加快推进网络信息技术自主创新能力 朝着建设网络强国目标不懈努力[N]．人民日报，2016-10-10(01).

[2]习近平．在第二届世界互联网大会开幕式上的主旨演讲[N]．人民日报，2015-12-17(01).

[3]姜辉．不断增强社会主义意识形态凝聚力引领力[N]．人民日报，2018-02-08(07).

[4]倪光辉．胸怀大局把握大势着眼大事 努力把宣传思想工作做得更好[N]．人民日报，2013-08-21(01).

[5]总体布局统筹各方创新发展 努力把我国建设成为网络强国[N]．人民日报，2014-02-28(01).

[6]郑杭生，邵占鹏．牢牢把握“四个治理”原则[N]．人民日报，2014-03-02(05).

[7]推动媒体融合向纵深发展 巩固全党全国人民共同思想基础[N]．人民日报，2019-01-26(01).

[8]彭飞．持续推进网络空间法治化[N]．人民日报，2023-03-18(03).

[9]庄荣文．深入贯彻落实党的二十大精神 以数字中国建设助力中国式现代化[N]．人民日报，2023-03-03(10).

[10]张烁．坚定文化自信秉持开放包容坚持守正创新 为全面建设社会主义现代化国家 全面推进中华民族伟大复兴提供坚强思想保证强

大精神力量有利文化条件[N]. 人民日报，2023-10-09(01).

[11]李新翠. 科技创新要守住伦理底线[N]. 中国教育报，2023-10-13(02).

## 五、学位论文

[1]宋文龙. 欧盟网络安全治理研究[D]. 北京：外交学院，2017.

[2]黄森.21世纪国际网络空间治理新秩序研究[D]. 长春：吉林大学，2019.

[3]祝新宇. 构建网络空间命运共同体的问题与路径研究[D]. 北京：北京邮电大学，2021.

## 六、外文资料类

[1]Commission on Governance. Our Global Neighborhood: The Report of The Commission on Global Governance[M]. Oxford: Oxford University Press, 1995.

[2]Convington Report. The EU Gets Serious about Cyber: The EU Cybersecurity Act and other Elements of the "CyberPackage"[R]. 2017.

[3]The White House. President Trump Unveils America's First Cybersecurity Strategy in 15 Years[R]. 2018.

[4]Executive Office of the President of United States. Federal Cybersecurity Research and Development Strategic Plan[R]. 2019.

[5]Neb Hamoo. New Zealand Government: Strategy for a Digital Public Service [EB/OL]. https://public/sector/network. com/insight/new - zealand-government-strategy for-digital-public-service.

# 后 记

打上“后记”这两个字的时候，我知道自己两年来的辛苦要画上一个句号了。也许这个句号并不完满，却是对自己、对师长、对朋友的一个交代吧！该书是我入职大连海事大学马克思主义学院后完成的第一部书稿，也是我去年申请的国家社会科学基金项目的阶段性成果。

我很庆幸，自己博士毕业后来到了我之前从未敢想的大连海事大学工作。感谢吴云志院长当时对我的引进，感谢海大不拘一格吸纳人才，让我有机会到大连海事大学工作。两年来，从刚开始找不到归属感，陌生的海大校园，到现在每天都要打卡，熟悉、热爱的海大校园，我逐渐把大连海事大学马克思主义学院当作自己在大连的第二个家。我用眼睛去欣赏海大校园的春、夏、秋、冬，用足迹遍布海大校园的每一个角落，在海大的校园里感受着自由、向上、团结、奋进的海洋气息。在我每次开会出去做报告时，都特意以海大校园的图片作为 PPT 背景，因为我时刻想着我是海大人，要体现出海大人应有的气质，同时也希望让更多的人了解海大。

这本著作既是对我之前研究网络政治问题的一个概括和梳理，也是对我今后研究方向的深入和拓展。原本应该去年完成的任务，硬是让我拖了一年。终于在亦师亦友的同事们的督促帮助下，完成了书稿。

在这里我特别想感谢入职以来大连海事大学马克思主义学院每位领导、老师对我的帮助和认可。感谢大连海事大学法学院王勇教授，欣然接受没有任何法学功底的我做博士后，开拓了我的学术边界和视野。在海大我感觉自己得到了迅速提升，有了更加清晰的人生规划和学术目标。我深知学术的路要慢慢走、慢慢来、急不得，自己要像竹子一样深深地扎根，要沐浴知识的阳光雨露茁壮成长。希望自己能够不忘初心，带着自己的理想走得更高更远。